습관은 나무껍질에 새겨놓은 문자 같아서
그 나무가 자라남에 따라 확대된다.
· 새뮤얼 스마일스 ·

워킹맘의 아이들 시간 관리

워킹맘의
아이들
시간 관리

박미진 지음

아주 좋은 날

스스로 공부하는 아이 뒤에는
스스로 공부할 수 있는 힘을 키워주는 부모가 있다!

스스로 공부하는 습관, 초등 때 잡아라

'자식이 공부 잘하면 잘난 부모, 자식이 공부 못하면 못난 부모'라는 말이 있다. '돈 자랑보다 더 좋은 것이 자식 자랑'이라는 말도 있다. 이런 말을 들으면 한편으로는 씁쓸한 감이 없지 않지만, 부모라면 누구나 백배 공감하는 말일 것이다. 더구나 공부 잘하는 남의 집 자식이 스스로 공부하는 아이라는 말이라도 들으면 절로 한숨이 터진다.

"세상 참 불공평해. 뉘 집 자식은 스스로 알아서 잘도 한다는데, 내 자식은 목이 터져라 잔소리를 하고 허리가 휘도록 학원비를 갖다 부어도 이 모양 이 꼴이니……."

많은 부모들이 '학부모'가 되는 순간부터 모든 것을 자식 공부에서 시작해 자식 공부로 끝낸다. 노후 준비를 포기한 채 자식 학원비에 모든 것을 투자하다 보니 백세장수가 축복이 아니라 재앙이 될 거라는 우려까지 나오는 실정이다. 정부는 정부대로 사교육을 잡겠다고 이 정책 저 정책을 쏟아내는데, 오히려 그것들이 그렇잖아도 복잡하고 어지러운 교육제도를 '갈지자' 행보로 이끌고 있다. 학부모 입장에서는 이 장단에 춤을 춰도 저 장단에 춤을 춰도 뭔가 자꾸 엇박자가 나는 느낌이다.

엄마들 사이에 S대에 자녀를 입학시킨 엄마에게는 이것저것 물어봐야 별 소득이 없다는 말이 있다. 자녀를 뛰어나게 키운 그 엄마만의 특별한 비법을 전수받으려고 질문을 던져봐야, 한결같이 "애가 스스로 알아서 했을 뿐 저는 정말 해준 게 하나도 없어요"라는 대답만 듣게 되기 때문이다.

하지만 우리나라 최고 대학교에 자녀를 입학시킨 그 엄마들에게 정말 아무런 비법이 없는 것일까? 그저 자식 운이 좋아서 팔자 좋은 엄마 노릇만 한 것일까? 자녀의 초등학교 시절부터 탄탄하게 닦아준 뭔가가 저력이 되어 중고등학교 가서는 엄마의 특별한 뒷받침이 필요 없었던 것은 아닐까?

몇몇 별종 같은 아이들을 제외하면 처음부터 스스로 알아서 공부하는 아이는 없다. 스스로 공부하는 아이들 뒤에는 분명 어릴 때부터 스스로 공부할 수 있는 힘을 키워 준 부모가 있기 마련이다.

그렇다면 스스로 공부하는 힘은 어떻게 키워줄 수 있을까? 그 답은 바로 습관이라는 하드웨어에 있다. 스스로 공부하도록 도와주는 시간관리 습관은 '내 아이의 멋진 미래'라는 작품을 완성시켜줄 하드웨어이다.

부모들의 관심이 온통 아이들 공부에 가 있다 보니, 언론에서도 연일 '공부의 달인'이니 '엄친아의 종결자'니 하면서 공부 잘하는 아이들의 공부비법을 쏟아내고 있다. 이 비법을 들으면 이 비법이 정답일 것 같고, 저 비법을 들으면 저 비법이 정답일 것 같고, 그런 비법들을 모두 따라 하기만 하면 내 아이도 스스로 공부하는 '공부의 달인'이 될 것만 같다. 그러나 현실은 전혀 그렇지 않다.

"수학공부는 이렇게, 영어공부는 이렇게 하라고 일러줘도 귓등으로도 안 들어요."

"아이고, 귓등으로 들어 넘기기라도 하면 양반이게요. 우리 집 애는 제가 공부 얘기만 꺼내도 짜증을 내요."

"아이도 아이지만, 사실 저부터가 문제예요. 이 얘기를 들으면 이게 옳을 것 같고, 저 얘기를 들으면 저게 옳을 것 같아서 저부터가 갈팡질팡이거든요."

"아이도 작심삼일, 저도 작심삼일, 그러다가 '에라 모르겠다' 이렇게 되는 것 같아요."

비법(秘法)이라고 알려진 공부법은 정말 많다. 시중에는 외국어는 어떻게 공부하고, 수학은 어떻게 공부해야 하는지 등 과목별로 일목요연하게 소개하는 공부법 책들이 차고 넘친다. 하고많은 공부법들 가운데 내 아이에게 맞을 만한 것을 적용해보고 수정·보완해 나간다면 비법을 찾는 일도 그리 어렵지 않아 보인다. 하지만 '꿰어야 보배'라는 말처럼 비법이 제아무리 많더라도, 아이가 그것을 실천하지 않으면 아무 짝에도 쓸모가 없다.

다시 한 번 말하지만, 문제는 공부 비법이 아니라 그 공부법을 실천하게 하는 하드웨어이다. 아무리 좋은 머리, 좋은 비법의 소프트웨어라도 '스스로 공부하기'라는 하드웨어의 성능이 떨어지면 구동시킬 방법이 없다. 갖고 있는 286 하드웨어에 펜티엄급 컴퓨터가 필요한 소프트웨어를 넣어봐야 실행 자체가 안 되는 것은 당연하지 않겠는가!

아이가 초등학교에 입학할 무렵, 나는 아이의 초등학교 6년 공부목표를 '스스로 공부하는 자기주도학습 습관 잡아주기'로 정했다. 그리고 그 6년을 다시 1년 단위로 나누어 스스로 공부할 수 있는 힘을 체계적으로 키워나갈 수 있도록 계획했다.

사실 초등학교 때의 성적은 별로 중요하지 않다. 초등학교 시기의 공부는 부모 몫이라는 인식이나, 떠먹여주는 한이 있더라도 1등을 시키고야 말겠다는 부모의 생각은 굉장히 위험하다. 시험문제 하나 더 맞히게 하려다가 자칫 스스로 공부할 수 있는 힘을 키울 수 있는 시기를 놓칠 수 있기 때문이다.

현실적으로 초등학교 때의 성적이 대학입시를 좌우하는 것도 아닌 만큼 이때는 성적에 목숨 걸 필요가 없다. 차라리 그 시간에 아이가 스스로 공부하는 힘과 그 기초가 되는 시간관리 습관을 잡는 데 사활을 걸어야 한다. 그러면 아이는 초등학교 고학년 때부터 서서히 빛을 발하기 시작해 중고등학교에 가서는 기량을 십분 발휘하게 된다.

흔히 인생을 마라톤에 비유하는데, 공부 또한 마라톤과 같다. 100미터 단거리 선수는 스타팅 블록에서 크게 한 번 숨을 들이마신 후 총성과 함께 출발한다. 이어 결승점까지 세 차례 정도 숨을 내쉴 뿐 내내 숨을 들이마시지 않는다. 산소를 전혀 마시지 않고 체내에 이미 만들어놓은 에너지를 이용하여 폭발적으로 단시간에 달리는 것이다. 하지만 이런 100미터 달리기 주법으로는 마라톤에서 절대로 우승할 수 없다. 세계에서 가장 빠른 사나이인 우사인 볼트가 장거리

마라톤을 한다는 이야기를 들어본 적이 있는가? 설사 마라톤에 나간다고 해도 초반에 나가떨어질 가능성이 높다.

그런데도 많은 부모들은 초등학교 때부터 아이들이 100미터 달리기 주법으로 달려주기를 바란다. 고등학교를 졸업할 때까지 12년 내내 100미터 달리기 주법으로 끝이 보이지 않는 트랙을 달려야 한다면 견뎌낼 아이가 과연 몇이나 될까?

바로 이것이 아이가 중간에 포기하지 않고 '12년 학습 마라톤'을 완주할 수 있도록, 그리고 결승 테이프를 끊기 위해 스타디움에서 마지막 레이스를 벌일 때 초인적인 폭발력을 발휘할 수 있도록 초등학교 때부터 스스로 공부하는 힘을 길러주어야 하는 이유이다.

초등 공부습관은 평생 간다

운전자라면 누구나 내비게이션의 안내를 받으며 운전해본 경험이 있을 것이다. 나 또한 낯선 길을 찾아갈 때는 내비게이션에 의지한다. 그런데 휴대전화가 나온 이후 자신의 집 전화번호조차 기억할 수 없게 됐다는 것처럼, 내비게이션이 일반화된 이후로 많은 운전자들이 길치가 되어버렸다.

나는 방향감각이 제법 뛰어난 편이다. 하지만 내비게이션의 안내를 받으면서 찾아갔던 길은 그 이후에도 혼자서 찾아갈 수가 없다. 내비게이션이 사람을 바보로 만드는구나 싶어서 요즘은 웬만해선 내비게이션에 의지하지 않는다.

그런데 내비게이션 바보는 우리의 교육 현장에도 있다. 바로, 부모나 선생님이 알려주는 길만 졸졸 따라다니는 아이들이다. 단 한 번도 스스로 길을 찾아본 경험이 없는 아이는 길을 일러주는 부모가 없으면 그 자리에 멈춰서서 어쩔 줄 모른다. 부모 입장에서는 '한 번 알려주었으니, 다음번에는 혼자서 잘 가겠거니' 생각하지만 절대로 그렇지 않다. 내비게이션이 사람을 길치로 만드는 것처럼 어른들이 아이들을 학습치로 만드는 것이다.

물론 낯선 길을 갈 때는 내비게이션의 도움을 받아야 하듯이, 어른들의 도움을 받으면서 공부해야 할 때도 있다. 하지만 그 이전에 먼저 지도를 읽고 나침반을 보는 방법을 깨우쳐 주어야 한다. 만약 내비게이션이 고장이라도 나면 그야말로 오도 가도 못하는 신세가 되기 때문이다.

그렇다면 어떻게 해야 '공부의 지도'를 읽는 독법(讀法)을 가르칠 수 있을까?

공부지도 독법의 시작은 스스로 공부할 수 있는 힘을 기르는 데 있고, 스스로 공부하는 힘은 시간관리와 시간관리를 위한 계획표 작성에서 시작된다. '공부의 신'들이 강조하는 것 중에서 100퍼센트 일치한다고 봐도 좋은 게 바로 시간관리 습관이다. 2011학년도 대학 수학능력시험에서 전국 최고득점을 올렸던 임수현 양은 고등학교 시절 내내 전 영역 1등급은 아니었다. 언어영역은 고2 때까지 치른 모의고사에서 평균 5개 정도를 틀렸고, 수리영역도 고1 후반까지는 원점수 60점대, 2등급 중반의 성적이었다고 한다. 수능에서 2개를 틀린 국사도 연대별로 내용 정리가 제대로 되지 않아 고3 3월 모의고사 때까지 2등급을 벗어나지 못했는데, 그럼에도 불구하고 대학 수학능력시험에서는 전국 최고득점을 올렸다.

그 힘은 과연 어디에 있었을까? 임수현 양은 한 인터뷰에서 철저하게 학습계획표를 세워 자기관리를 한 것이 주효했다고 말했다. 그녀는 통학시간이 아까워서 기숙사 생활을 했는데, 노는 토요일에는 일요일까지 자유시간이 주어졌지만 일요일 오전 9시면 항상 기숙사에 돌아왔다고 한다. 그 이유가 다음 주 학습계획을 작성하기 위해서였다니, 얼마나 철저하게 시간관리를 했는지 짐작할 수 있다. 한 집안에서 5명의 고시 합격생을 배출해 화제가 되었던 경기대학교의 송하성 교수도 공부를 잘하기 위해서는 '계획화'가 필요하다고 강조하였다.

"도대체 애가 하루 종일 뭘 하는지 모르겠어요. 컴퓨터도 별로 안 하고, 텔레비전 앞에 매달려 있는 것도 아니거든요. 그런데도 매일 밤이 돼야 숙제를 시작해요. 그러다 보니 다른 공부는 엄두도 못 내요."

"제가 직장을 다니고 있어서 아이를 전 과목 다 봐주는 학원에 보내는데요. 그런데도 성적이 엉망이어서 너무 속상해요. 학원을 바꿔야 할까요?"

"초등학교 때까지는 공부를 꽤 잘했거든요. 그런데 중학교에 가서부터는 완전히 바닥이에요. 아이가 책상 앞에 앉아 있기는 하는데, 책만 펴놓고 멍하니 있는 경우가 많아요."

주변의 많은 엄마들이 하는 말이다.

특별히 열심히 노는 것도 아닌데 하루 종일 제대로 하는 것이 아무것도 없는 아이, 학원을 열심히 다니는데도 성적이 바닥이거나 제자리걸음인 아이, 초등학교 때는 최상위권이었는데 중학교에 가서는 중위권에도 못 드는 아이, 열심히 해보겠다고 책상에 앉기는 하는데 영 공부에 집중하지 못하는 아이들의 공통점은 무엇일까? 그것은 다름 아닌 공부습관, 특히 시간관리 습관의 부재에 있다.

스티븐 코비는 《성공하는 사람들의 7가지 습관》에서 "습관의 씨앗은 성품을 얻게 하고, 성품은 우리의 운명을 결정짓는다"라고 말했다. 이 말을 자녀에게 적용하면 공부습관의 씨앗이 어떠하냐에 따라 아이의 성적과 인생이 달라진다고 할 수 있다.

영국 출신의 작가인 아르투어 쾨스틀러는 "습관은 위대한 사람들의 하인이며 실패한 모든 이들의 주인이다"라고 말했다. 내 아이가 습관을 하인으로 둔 위대한 사람이 되기를 원하는가, 아니면 습관의 하인이 되어 항상 실패하는 사람이 되기를 원하는가? 이 질문에 대한 답이 너무 당연한 것이라면, 부모가 들여다봐야 할 것은 성적표가 아니라 아이의 습관이라는 데도 동의하리라 믿는다.

그렇다면 공부습관을 잡기에 가장 좋은 때는 언제일까?

'세 살 버릇 여든까지 간다'는 속담을 굳이 언급하지 않더라도, 공부습관을 잡아주는 것은 공부를 시작하는 시점인 초등학교 때가 가장 적당하다. 초등학교 때 잡힌 공부습관은 중학교에서 깨우쳐야 할 공부법의 기초가 되며, 공부에 매진해야 할 고등학교 시기에는 중간에 무너지지 않는 탄탄한 저력으로 작용할 뿐만 아니라 습관을 하인으로 두고 자기 인생의 주인으로 살아가는 평생의 자산이 될 것이다.

시간관리 습관은 공부의 주춧돌이다

"시간관리가 뭐예요? 그건 어떻게 가르치는 거예요?"

"제때 제 시간 맞춰서 학원에 보내면 그게 시간관리 아닌가요?"

스스로 공부하는 아이로 키우기 위해 꼭 가르쳐야 할 것이 시간관리라고 이야기할 때마다 많은 엄마들이 이렇게 되묻는다.

시간관리를 어떻게 가르쳐야 하느냐고 묻는 엄마들은 그래도 좀 나은데, 제때 제 시간 맞춰서 학원 보내는 것을 시간관리라고 생각하는 엄마들은 문제가 좀 심각하다. 그런데 요즘 엄마들 중에는 이렇게 생각하는 엄마들이 꽤 많다. 오죽하면 '엄마 매니저'라는 말까지 생겼겠는가!

자녀에게 시간관리법을 가르친다는 것은 목표관리력과 집중력을 키워주고, 시간을 배분하고 실천하는 능력을 몸에 익히도록 가르치는 것을 말한다. 따라서 부모의 의견이나 학원 시간표 등 타의에 의해 끌려다니는 것은 진정한 의미의 시간관리라고 할 수 없을 뿐만 아니라 오히려 자녀에게서 '스스로 공부할 수 있는 힘'을 빼앗는 악순환으로 이어진다.

자녀가 기대 이하의 성적을 받았을 때 부모들은 변명처럼 이렇게 말한다.

"머리는 좋은데 공부를 안 해요."

"머리는 나쁘지 않은 것 같은데, 왜 성적이 안 나오는지 모르겠어요."

아이가 옹알이만 시작해도 그것을 '엄마, 아빠'로 듣는 것이 부모 마음이다. 그 또래라면 누구나 한 번쯤 하는 행동을 내세우며 '우리 아이는 천재적인 데가 있다'라고 자랑하는 것도 부모들의 한결같은 마음이다. 아이는 믿어주는 대로 자란다는 말이 있다. 물론 내 아이의 가능성을 굳게 믿어주는 것은 좋은 일이다. 그러나 분별없는 맹목적인 믿음은 허황된 착각에 지나지 않는다.

천재인 것 같은 내 아이는 벼락치기 공부를 해도 100점을 받아와야 한다고 생각들 하는데, 저학년 때는 그런 부모의 기대가 어느 정도 통한다. 하지만 학년이 올라갈수록 부모의 기대는 사정없이 무너져서 중고등학생이 될 때쯤에는 천재는커녕 둔재가 아니면 다행이라고 절망하는 지경에 이르기도 한다.

여고 시절 한 선생님은 "왼쪽 궁둥짝이나 오른쪽 볼기짝이나"라는 농담을 입버릇처럼 하셨는데, 그분이 해주신 말씀 가운데 가장 기억에 남는 말도 엉덩이와 관련한 이야기다.

"공부는 머리로 하는 것이 아니라 엉덩이로 하는 것이다."

한 해 한 해 살아갈수록 나는 이 말이 더욱 진리인 것만 같다. 공부뿐만 아니라 세상의 많은 일들이 머리보다는 엉덩이가 더 큰 힘을 발휘하는 것 같기 때문이다. 아무리 머리 좋은 아이도 노력하는 아이를 이기지는 못한다. 세계적인 발명가 에디슨 또한 '천재는 1퍼센트의 영감과 99퍼센트의 노력으로 이루어진다'고 하지 않았던가!

스스로 공부할 줄 아는 아이만이 99퍼센트까지 자신의 노력을 끌어올릴 수 있다. 그리고 시간관리가 되는 아이만이 스스로 공부할 줄도 안다. 시간관리가 바로 공부의 '주춧돌'인 것이다. 손바닥만 한 주춧돌 위에는 당산나무 아래 돌무더기 탑처럼 위태롭고 작은 돌탑밖에 세우지 못하지만, 어른 열 명이 누울 정도로 너른 주춧돌 위에는 크고 웅장한 10층석탑을 쌓을 수 있는 게 세상 이치다. 바로 이것이 문제 하나를 더 풀게 하기 위해 자녀와 입씨름하는 시간에 스스로 공부하는 자기주도학습의 근간이 되는 시간관리법을 가르쳐야 하는 이유이다. 당장 눈앞에 보이는 효과보다는 5년, 10년 후를 내다보는 긴 안목으로 자녀교육의 목표를 세우기 바란다.

차례

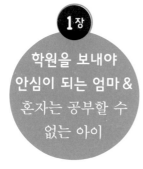

4장

**엄마의
꼭두각시로
키우지
마라**

많은 부모들이 아이들에게 놀 시간을 줄 수 없어 안타깝다고
말한다. 학원 갔다 와서 숙제하고 좀 꾸물거리다 보면
어느새 잘 시간이라는 것이다.
그래서 애들이 너무 불쌍하다고 말하는 어른들도 많다.
그런데 시간을 관리할 수 있게 되면
안정적으로 '놀 시간'이 만들어진다.

:: 1장 ::
학원을 보내야
안심이 되는 엄마 &
혼자는 공부할 수
없는 아이

잘 놀고
공부도 잘하는
아이로 키워라

공부습관은 꼭 초등 때 들여라

한 시간관리 전문가가 학생들에게 강의를 하면서 예를 하나 들었다.

"자, 퀴즈를 하나 풀어봅시다."

그는 커다란 항아리를 테이블 밑에서 꺼내 그 위에 올려놓았다. 그러고는 주먹 정도 크기의 돌을 꺼내 항아리 속에 차곡차곡 넣기 시작했다. 항아리에 돌이 가득 차자 그가 물었다.

"이 항아리가 가득 찼습니까?"

학생들이 이구동성으로 대답했다.

"예."

그러자 그는 "과연 그럴까요?"라고 되묻더니, 다시 테이블 밑에서 조그만 자갈 주머니를 꺼내 들었다. 그것을 항아리에 부어 넣고 깊숙이 들어갈 수 있도록 항아리를 흔들었다. 주먹만 한 돌들 사이에 조그만 자갈이 가득 차자 그는 다시 물었다.

"이 항아리가 가득 찼습니까?"

눈이 동그래진 학생들은 이번에는 자신 없다는 듯이 "글쎄요"라고 대답했다.

뒤이어 강사는 모래 주머니를 털어 넣고, 주전자에 든 물까지 항아리에 부었다. 그러고 나서 학생들에게 물었다.

"이 실험의 의미는 무엇일까요?"

한 학생이 손을 들고 대답했다.

"우리가 매우 바빠서 스케줄이 가득 찼더라도, 정말 노력하면 새로운 일을 그 사이에 추가할 수 있다는 것입니다."

"아닙니다. 이 실험이 우리에게 주는 의미는 '만약 우리가 큰 돌을 먼저 넣지 않는다면, 영원히 큰 돌을 넣지 못할 것'이라는 것입니다."

시간관리의 중요성을 가르칠 때 많이 언급되는 '항아리를 채우는 방법'에 관한 이야기다.

'우리가 큰 돌을 먼저 넣지 않으면, 영원히 큰 돌을 넣지 못한다'는 말은 공부에도 적용할 수 있다. 초등학교 입학 때부터 대학교 입학 때까지만 놓고 봤을 때 초등학교 시절에 반드시 채워 넣어야 하는 주먹 크기의 돌은 다름 아닌 시간관리이다. 시간관리라는 주먹 크기의 돌이 일단 항아리를 채우고 나면 '노력'이라는 자갈과 '두뇌'라는 모래와 물만 있으면 항아리를 완전히 채울 수 있다.

초등학교 3학년 때까지 하루에 수학 문제집 몇 장을 푸는 것 말고는 공부다운 공부를 해본 적이 없는 딸이 초등학교 4학년이 되었을 때, 나는 처음으로 아이와 시험공부 계획표를 함께 짜면서 공부하는 방법을 알려주었다. 하지만 첫술에 배부를 수는 없는 노릇. 아이가 시험 준비를 열심히 했는데도 불구하고 성적은 기대만큼 나오지 않았다.

나는 시무룩해 있는 아이를 다독이면서 앞서 이야기한 '항아리의 비유'를 들려주었다.

"항아리가 거의 다 차고 나면 한 주전자의 물만 더 부어도 항아리가 넘치게 돼. 너는 지금 그 항아리를 채워가고 있는 거란다."

딸은 나의 말을 믿었고, 결과적으로 그것은 옳았다. 시간이 갈수록 아이의 성적이 점점 더 좋아져서 초등학교를 마치는 6학년 때에는 최고 성적을 받았기 때문이다.

학교생활에서 학년은 한 단계씩 올라갈 뿐이지만, 공부할 양은 큰 폭으로 늘어난다. 게다가 초등학교에서 중학교, 중학교에서 고등학교로 올라갈 때는 공부할 양의 증폭이 우리의 상상을 초월한다. 하지만 시간관리 습관이 몸에 밴 아이들은 대폭 늘어난 공부량을 유연하게 받아들인다. 하지만 그렇지 못한 아이들은 어떻게 해야 할지 몰라 우왕좌왕하다가 좌절하는 경우가 많다.

나중이 기대되는 아이로 키워라

"초등학교 때 공부 잘한다고 자랑하지 마세요. 나중에 얼굴 빨개지는 일이 얼마나 다반사라고요."

"믿는 도끼에 발등이 찍혀도 유분수지. 내 아이가 이럴 줄 몰랐어요."

"중학교 가서는 아이에게 실망하는 정도지만, 고등학교 가보세요! 실망을 넘어 아예 절망입니다, 절망!"

이렇게 말하는 중고등학교 학부모를 자주 만난다. 그 이유는 무엇일까?

사실, 요즘 아이들은 입이 딱 벌어질 만큼 똑똑하다. 어릴 때부터 접해온 정보량이 많아서인지 어수룩한 아이들이 거의 없다. 예전 우리 자랄 때와는 비교가 불가능할 정도다. 상황이 이렇다 보니 많은 부모들이 '내 아이가 천재가 아닐까?' 하는 생각을 할 뿐만 아니라, 천재까지는 아니라도 중고등학교에 가서도 초등학교 성적을 계속 유지할 거라고 철석같이 믿는다. 더구나 학부모의 학력과 경제력이 예전에 비해 높아지다 보니 자녀교육에 대한 관심과 애정이 뜨겁고, 교육비 씀씀이도 상당히 커졌다.

하지만 중고등학교 학부모들의 이야기를 들어보면 초등학교 때 성적이 중고등학교의 성적과 연계성이 크게 떨어진다는 사실을 깨달을 수 있다. 사실 '초등학교 때 성적은 엄마의 성적'이라는 말이 공공연하게 회자된다. 나 또한 아이가 있다 보니 자녀교육에 관한 인터넷 카페 등에 간혹 들어가게 되는데, 왜 초등학교 때 성적을 엄마의 성적이라고 하는지를 실감할 수 있다. 학교 시험철이 되면 엄마들이 직접 정리한 학습자료가 게시판에 올라오고, 시험공부를 어떻게 시켜야 하는지에 대한 문의와 답글이 끝도 없이 이어진다.

자녀에게 물고기를 잡아주지 말고 물고기 잡는 법을 가르쳐야 한다는 말이 있다. 그런데 요즘은 물고기를 잡아주는 단계를 지나 아예 폭 삶아서 뼈까지 싹 걸러낸 어죽을 끓여주는 것 같다. 씹지 않고 꿀꺽 삼키기만 해도 될 정도로 말이다. 이렇게 하면 학습내용에 관한 흡수가 빠르니 당장은 성적이 잘 나올 수밖에 없다.

하지만 장기적으로 봤을 때 이런 방법이 내 아이에게 뼈가 되고 살이 되는 영양분인지를 곰곰이 생각해봐야 한다. 조금이라도 더 편하게 공부시키고 조금이라도 더 빨리 성과를 내고 싶어하는 부모의 욕심과 그로 인한 떠먹이기식 공부법은 결국 내 아이의 학습능력에 독(毒)이 된다.

데지마 게이자부로의 《아기 곰의 가을 나들이》라는 그림책이 있다. 겨울잠을 자러 가기 전에 포식을 해둬야 하는 엄마 곰과 아기 곰은 연어가 강을 거슬러 올라올 무렵 강가로 나간다.

그리고 엄마 곰은 한참 동안 물속에서 연어를 잡아 맛있게 먹지만, 아기 곰에게는 나눠주지 않는다. 대신 이렇게 말한다.

"자기 힘으로 잡아야지!"

아기 곰은 엄마처럼 연어를 잡기 위해 물속으로 첨벙 뛰어든다. 물론 태어나 처음으로 연어를 잡는 것이 아기 곰에게 쉽지만은 않다. 아기 곰은 엄마가 연어를 잡던 모습을 흉내 내며 어렵게 연어를 잡는다. 그리고 처음으로 스스로 잡은 연어를 맛보며 황홀한 기분에 젖는다.

당신은 아이에게 어떤 부모인가? 혹시라도 아이가 지금 굶주릴 새라 열심히 물고기를 잡아 입에 넣어주는 부모인가? 당장은 잡히지 않는 연어 때문에 고생하더라도 독립해야 하는 이듬해 봄을 생각하며 물고기 잡는 법을 가르쳐주는 부모인가?

지금 잘하다가 끝이 흐지부지되는 아이가 될지, 지금보다는 나중이 더 기대되는 아이가 될지는 이 질문에 대한 대답에 따라 달라진다. 그리고 지금 잘하는 아이보다 나중이 기대되는 아이가 더 크게 성장한다는 것을 잊지 말아야 할 것이다.

더 잘 놀기 위해서도 시간관리가 필요하다

《아이들은 놀기 위해 세상에 온다》라는 책이 있다. 아이들 놀이노래이야기 연구실을 운영하고 있는 편해문 씨의 책인데 나는 이 책 제목을 볼 때마다 가슴이 찡하게 울려온다. 이 책에 이런 글귀가 있다.

"동무들과 뛰놀지 못하는 아이들이 선택한 것 가운데 하나가 '인라인스케이트'이다. 학교와 학원, 집이라는 일상을 잇고 있는 길을 놀이터이자 해방구로 삼아 찻길이고 보도고 가리지 않고 내달린다. 어른들은 위험하다고 나무라지만 아이들에게는 들리지 않는다. 인라인스케이트는 몸으로 놀지 않으면 아플 수밖에 없는 아이들의 눈물겨운 선택이라 할 수 있다. 우리 아이들은 왜 이런 선택을 했을까?"

책의 표현마따나 눈물겨운 모습이 아닐 수 없다. 아이들에게는 놀 시간이 필요하다. 하지만 그럴 짬이 없는 게 현실이다. 학교 마치고 학원, 학원 마치고 또 다른 학원, 일단의 학원 순례가 끝나고 집에 돌아오면 책상 앞에 붙어 있으라고 끊임없이 잔소리를 하는 감시자(부모)가 있다.

놀고 싶은 것은 인간의 본능이다. 오죽하면 인간을 정의하는 여러 가지 말 가운데 '호모 루덴스(놀이하는 인간)'가 있겠는가? 호모 루덴스라는 말을 처음 사용한 요한 하위징아라는 역사가는 즐거움과 흥겨움을 동반하는 가장 자유롭고 해방된 활동, 삶의 재미를 적극적으로 추구하는 활동인 놀이가 법률, 문학, 예술, 종교, 철학을 탄생시키는 데 깊은 영향을 끼쳤다고 밝히면서 놀이정신의 회복을 주장하였다.

그렇다고 해서 아이들을 주구장창 놀게만 할 수 없는 것이 오늘의 현실이다. 그래서 더더욱 아이들에게 시간관리를 가르쳐야 한다고 나는 생각한다. 해야 할 공부를 효율적으로 빨리 끝마친 후에 자유롭게 놀 수 있는 시간을 되도록 많이 확보해주자는 것이다.

해야 할 일을 뒤로 미뤄놓고 놀아본 경험이 있는 사람은 누구나 알고 있을 것이다. 놀아도 논 것 같지 않고, 그 일을 끝마칠 때까지 마음에 찜찜한 부담감이 계속된다는 것을.

아이들도 마찬가지다. 학교 숙제도 해야 하고 공부도 해야 하는데, 눈에 보이는 명확한 지침이 없으니, 해야 한다는 부담감만 마음을 짓누를 뿐 당장 무엇부터 시작해야 할지 갈피를 잡지 못한다. 이런 상태에서는 놀아도 즐겁지 않고, 딴짓을 하고 있어도 마음이 편하지 않다.

하지만 계획표를 짜게 되면 하루 동안 자신이 해야 할 공부가 무엇이고 얼마

만큼인지 명확하게 알 수 있고, 몇 시간을 놀 수 있는지도 짐작할 수 있다. 그러면 그 뒤에 찾아올 즐거운 시간을 위해 숙제나 공부에 집중할 수 있게 된다. 해야 할 공부나 숙제를 끝마친 후에 맞이하는 '노는 시간'이 얼마나 꿀맛인지 잘 알고 있기 때문이다.

나는 자기 할 일을 모두 마친 후에 아이가 자유시간을 누릴 때에는 거의 간섭하지 않았다. 또한 가능하면 그 시간에는 바깥에서 친구들과 놀 수 있게 해주었다. 주말이면 우리 가족은 등산이나 캠핑, 여행 같은 바깥 활동을 많이 하려고 노력하는데, 이것 역시 아이가 자기 할 일을 성실히 끝낸 후에 누리는 우리 가족의 자유시간이다. '이 숙제를 끝내고 나면 신나게 놀 수 있다. 열심히 공부하고 나면 즐거운 자유시간이 기다리고 있다'는 것만큼 아이에게 맛있는 '당근'은 없다.

그렇다고 모든 공부를 끝냈을 때만 자유시간을 주라는 얘기는 아니다. 시간 관리의 핵심은 모든 일을 끝마친 후의 자유시간에 있는 것이 아니라, 시간을 스스로 조절할 수 있도록 하는 데 있다.

아이가 초등학교 고학년만 되어도 할 일을 모두 끝마치고 나면 저녁시간을 훌쩍 넘기는 경우가 허다하다. 딸이 초등학교 4학년 때의 일이다. 담임선생님이 숙제를 조금 많이 내주는 스타일인데다 공부할 양이 저학년 때보다 더 늘어나다 보니 딸이 해야 할 일을 모두 마치면 밖이 깜깜해지기 일쑤였다.

"엄마, 이거 다 하고 나면 밖이 깜깜해져서 친구들과 놀 수가 없어. 낮에 친구들과 좀 놀다가 저녁 먹은 후에 숙제하고 공부하면 안 돼?"

"정말 그렇구나. 다 마치고 나면 친구들과 놀 수가 없겠네. 그럼, 숙제하고 영어, 수학까지 공부하는 데 몇 시간쯤 걸릴까?"

"3시간쯤?"

일찍부터 시간관리 습관이 든 딸은 공부량과 그에 따른 소요시간을 얼추 계산해낼 줄 알았다.

"그럼, 언제까지 놀고 몇 시부터 공부할 계획이니?"

"6시에 집에 올게. 그럼 저녁 먹고 나서 7시부터 시작하면 10시엔 끝마칠 수 있을 거야."

"그렇구나. 그럼 그렇게 하렴."

그때부터 딸은 낮 시간에는 친구들과 뛰어놀고, 7시부터 숙제를 시작해 10시 쯤이면 자기 할 일을 모두 마치는 생활습관을 갖게 되었다.

많은 부모들이 아이들에게 놀 시간을 줄 수 없어 안타깝다고 말한다. 학원 갔다 와서 숙제하고 좀 꾸물거리다 보면 어느새 잘 시간이라는 것이다. 그래서 애들이 너무 불쌍하다고 말하는 어른들도 많다. 그런데 시간을 관리할 수 있게 되면 안정적으로 '놀 시간'이 만들어진다.

아이의 하루를 들여다보자. 사실은 놀 수 있는 시간이 없는 게 아니라, 시간을 관리하지 못해 제대로 놀지 못하고 흘려보내는 시간이 많은 경우일 것이다. 모든 아이들에게 하루 24시간은 공평하게 주어진다. 그 시간을 제대로 관리할 수 있는 아이는 '집중'해서 놀 수 있는 시간을 마련할 수 있다.

시간을 지배하는 아이로 키워라

연말이면 딸아이와 내가 함께하는 연례행사가 하나 있다. 바로 다이어리를 구입하는 것이다. 얼마 전까지만 해도 다이어리라고 하면 검은색이나 짙은 청색 커버의 공책 3분의 2 크기만 한 것들이 주를 이뤘지만, 요즘은 다양한 크기와 형형색색의 디자인을 갖춘 제품들이 많다. 연별, 월별, 주별 다이어리뿐만 아니라 속지의 내용도 아주 다양하다.

다이어리에 대한 관심이 높아졌다는 것은 시간관리에 대한 관심이 그만큼 높아졌다는 것을 반증한다. 시간관리가 성공을 원하는 현대인들의 필수 아이템이 된 것이다.

하지만 다이어리에 대한 관심이 높아졌다고 해서 누구나 시간관리를 제대로 하고 있는 것은 아니다. 연말이나 연초에 그렇게 열심히 골라가며 다이어리를 샀건만, 다이어리 작성도 작심삼일이 되는 사람들이 허다하다. 연초의 몇 장에만 계획이나 일정이 적혀 있을 뿐, 그 이후부터는 깨끗하기만 한 다이어리를 보고 허탈한 심정에 빠져본 경험을 많은 사람들이 갖고 있으리라.

시간관리에 대해 따로 배운 적도 없고, 시행착오를 겪으면서 진짜 내 것으로 만든 경험이 없는 사람들에게 다이어리는 새로운 1년을 시작한다는 상징물에 불과하다. 얼마 지나지 않아 다이어리는 잊혀지고 어느새 사람들은 어제가 오늘 같고, 오늘이 내일 같은 일상에 파묻히면서 하는 일 없이 바쁜 일상에 쫓겨 다닌다.

하지만 분명한 것은 하는 일 없이 바쁜 사람치고 성공하는 사람이 거의 없다는 것이다. 주변을 돌아보라. 성과를 내는 사람들은 시간관리에 철저하다. 똑같은 업무가 주어졌을 때 그 업무를 일찍 마치는 사람은 능력이 특별해서라기보다는 시간관리에 철저한 경우가 많다. 똑같은 전업주부인데도 집안일은 물론이고 운동, 사교, 봉사활동 등을 무리 없이 해내는 사람도 시간관리에 철저한 사람이다.

사람들이 내게 간혹 "언제 그 일을 다 하냐?"라고 묻는다. 주부이자 엄마이면서, 방송일과 마을도서관 일, 거기다 책 쓰는 일까지 무슨 수로 다 하느냐는 것이다. 물론 나는 성공한 사람 축에 끼기에는 한참 모자라지만, 이 모든 일을 별 무리 없이 해낼 수 있는 것은 시간관리가 습관이 되어 있기 때문이다.

시간관리를 해보자. 하는 일 없이 바쁘던 24시간이, 뭔가 성과를 내는 24시간으로 바뀌게 될 것이다. 그리고 내 아이가 성공하는 사회인으로 자라기를 바란다면 아이의 '시간관리 습관'부터 바로잡도록 하자. 어릴 때부터 시간관리 습관을 들인 아이는 중고등학교 공부를 어렵지 않게 할 수 있는 학습력이 길러질 뿐만 아니라 사회인이 되어서도 시간에 끌려다니는 대신에 시간을 지배하게 될 것이다.

계획표는 아이에게 놀 시간을 만들어준다

인간의 궁극적인 목표는 '행복한 삶'이라고들 말한다. 그리고 세상의 모든 부모들은 자녀가 행복한 성인으로 성장하기를 바란다. 자녀에게 잠시 숨 돌릴 여

유도 주지 않으면서 학원 순례를 시키는 부모 역시 궁극적으로 바라는 것은 자녀의 행복한 삶이다. 개중에는 자녀가 앞으로 행복한 삶을 살기를 바라기 때문에 학원 순례를 시킨다고 큰소리치는 사람들도 있다.

그런데 아이러니하게도 많은 아이들이 자신은 행복하지 않다고 말한다. 스트레스로 숨이 막힐 것 같다고 호소하고, 심지어 죽음이라는 극단적인 선택을 하는 아이들까지 심심찮게 뉴스에 오르내리는 실정이다.

우리나라 어린이들과 청소년들이 느끼는 행복감이 경제협력개발기구[OECD] 국가 가운데 가장 낮다는 연구조사 결과도 있다. 지난 2009년 연세대 사회발전연구소가 전국 초등학교 4학년부터 고등학교 2학년까지의 학생 5,000명을 대상으로 설문조사 등을 실시해 유니세프[UNICEF](국제연합아동기금)의 2006년 연구와 비교하였다. 그 결과 우리나라 어린이와 청소년의 주관적 행복감은 71.6점으로 OECD 20개국 가운데 최하위였다. 114점으로 1위를 차지한 그리스에 비하면 무려 40점 이상 낮았다.

그러나 학업성취, 교육 참여, 학업열망 등을 평가한 교육 부문에서는 우리나라가 120점으로, OECD 국가 가운데 121점을 받은 벨기에에 이어 2위를 차지했다. 행복감과 학업성취도가 반비례하고 있는 셈이다. 어쩌면 우리는 학업성취를 빌미로 자녀의 '행복한 삶'을 놓치고 있는지 모른다.

그렇다면 우리 아이들은 어떤 순간이 가장 행복할까?

물론 행복을 느끼는 순간은 저마다 다르겠지만, 초등학생 정도의 아이들은 부모로부터 칭찬을 들을 때가 가장 행복하다고 말한다. 지난 2010년, 서울의 3개 학교(서교·명신·충무초등학교)에서 4학년부터 6학년 어린이를 대상으로 엄마에게 듣고 싶은 말을 조사했을 때도 1위가 '우리 딸(아들) 최고'와 같은 칭찬이었다. 그리고 엄마에게 가장 듣기 싫은 말은 '공부 안 한다고 다그치는 말'로 조사되었다.

"왜 아직 공부 안 했어?"로 시작되는 엄마와의 대화에서 행복해할 아이가 어디 있겠는가? 엄마의 잔소리를 듣지 않기 위해 뭘 해야 하는지도 모르면서 책상 앞에 붙어 있어야 한다면 그것만큼 고통스러운 고문은 없을 것이다.

그런데 아이가 스스로 짠 계획표 한 장은 엄마의 잔소리를 차단해주고, 아이는 자기만족감과 행복감을 느끼는 위력을 발휘한다. 자칫 오해하기 쉬운데 초등학교 시절의 시간관리는 아이에게 더 많은 공부를 시키기 위한 뜻의 개념이 아니다. 더 많이 자유롭게 놀 수 있는 시간과 행복감을 선물해주기 위한 도구임을 유념하도록 하자.

학원은
스스로 공부하는 법을
가르치지 않는다

학원, 아이가 필요하다고 할 때 보내라

자기주도학습이 학습법의 대세로 떠오른 지는 꽤 오래되었다. 교육정책에 가장 발 빠르게 대처하는 학원의 유인물들은 '자기주도학습'이라는 문구로 도배가 되고 있는 실정이다. 그러나 학원에서 자기주도학습을 가르치겠다는 것은 호랑이가 고래에게 헤엄치는 법을 가르치겠다는 것과 같다. 그럼에도 불구하고 자기주도학습이 정확히 무엇이고 어떻게 하는 것인지 개념조차 잡지 못한 학부모들은 얄팍한 학원의 상술에 넘어가고 있다.

그렇다면 자기주도학습이란 정확히 무엇일까?

자기주도학습을 학문적으로 정립하고자 한 시도는 150여 년 전에 영국, 미국, 캐나다 등을 중심으로 이루어졌는데, 애초에는 성인들의 평생교육을 위해 만들어진 이론이다. 그것이 학교교육으로 확산된 것이다. 이론가 터프A. Tough는 '스스로 학습과제를 계획하고, 착수하고, 실행하는 책임을 개인이 떠맡는 특정 학습에 관한 시도'라고 정의했고, 놀즈는 '타인의 조력 여부와 관계 없이 개인이 주도권을 가지는 학습과정'이라고 정리했다.

그리고 학교교육으로 확산된 자기주도학습 이론은, 교육과학기술부와 한국교육개발원이 발간한 자기주도학습 지침서 《내 공부의 내비게이션! 자기주도학습》에 잘 나타나 있다. 이 책자는 2011학년도부터 특수목적고를 비롯한 일부 고등학교 입시에 '자기주도학습 전형'이 도입되면서 나왔다.

이 지침서에 따르면 자기주도학습은 학생이 주도적으로 목표를 세워 학습하고 그 결과를 스스로 평가하는 과정을 통해 창의력과 문제해결력을 향상시키는 학습이다. 따라서 자기주도학습은 기본적으로 ❶ 목표 설정, ❷ 스스로 계획, ❸ 스스로 학습, ❹ 스스로 평가로 이루어지는 학습인 것이다. 이 과정을 자신의 것으로 습득하고 나면 어떤 공부든 자연스럽게 목표부터 세우게 되고, 그 목표에 맞춰 학습계획을 짜고, 학습을 하며, 학습의 결과를 즐길 수 있게 된다.

딸아이가 초등학교 5학년이 되었을 때, 내가 얘기를 꺼내기도 전에 먼저 시험 계획표를 짜자는 이야기를 꺼냈다. 시험까지 아직 3주나 남은 때였다.

"아직 시험이 3주나 남았는데, 벌써 시험공부를 시작하려고?"

"이번엔 꼭 올백을 맞고 싶어. 그러려면 3주 정도는 시간이 필요할 것 같아서 그래."

초등학교 시험에 3주라는 시간을 투자하는 것은 지나치지 않을까 싶은 마음에 걱정이 앞섰지만, 그래도 나는 아이의 제안을 기쁘게 받아들였다. 계획이니, 전략이니 하는 말들을 계속해온 보람이 자기주도학습의 첫 단계인 '목표 설정'으로 나타났기 때문이다.

목표가 설정되고 계획이 세워지면 그 다음 단계인 학습은 저절로 이뤄진다고 봐도 좋다. 자기주도학습이라는 말이 어려우면 그냥 '자기 공부'라고 해도 되고, '자율학습'이라고 해도 상관없다. 혹자는 '자율학습'과 '자기주도학습'은 다르다고 하지만, 자율이라고는 눈곱만큼도 없었던 고등학교 때의 '야간 자율학습'만 떠올리지 않는다면 용어가 무슨 상관이겠는가!

하지만 자기주도학습이라고 해서 학원을 다니지 말라는 말은 아니다. 딸은 중학교에 진학한 지금까지도 학원에 다닌 적이 없지만 '절대로, 어떤 경우에도' 학원에 보내지 않겠다고 생각하지는 않는다. 언제든 학원의 도움이 필요하다면 학원에 보내겠다는 것이 내 생각이다. 문제는 부모나 아이가 학원에 수동적, 의존적으로 끌려가서는 자기주도학습이 될 수 없다는 데 있다.

수학 포기자에서 언어·수학·외국어에서 내신 1등급으로 올라선 연세대학교 경제학과 10학번 이연정 씨는 한 언론과의 인터뷰에서 자기주도학습에 대해 이렇게 말했다.

"본인에게 필요한 것이 뭔지, 원하는 것을 성취하기 위한 가장 효율적인 방법이 뭔지를 꼼꼼히 따지고 분석해서 자기가 주도적으로 학습계획을 수립하고 시간을 관리하는 것이 자기주도학습이라고 생각해요. 정리를 하자면 자신의 스타

일과 과목의 특성, 그리고 현재 자신의 점수와 상황으로 미루어보건대 언어는 학원에 다니면서 공부하고, 수리는 과외를 하고, 외국어는 문제집으로 독학을 해야겠다. 점수가 언어는 낮고 수리는 높고 외국어는 중간이니까 시간 비중은 6:2:2로 해야겠다 등등 결론을 스스로 내려야 한다는 거죠. 그게 자기주도학습의 정수라 할 수 있죠."

이러한 자기주도학습을 통해 이연정 씨는 고등학교 1학년 때 50점이던 수학 성적을 수능에서는 100점까지 끌어올렸다.

결국 자기주도학습은 도전의식, 공부습관, 학습방법을 자기 스스로 주도하는 것이라 할 수 있다. 다시 말하면 자기주도학습의 핵심은 학원에 다니지 않는 것도 아니지만, 학원에서 길러질 수 있는 것도 아닌 것이다.

누군가의 도움 없이는 공부할 수 없는 아이들

버락 오바마 미국 대통령이 미국 교육의 경쟁력 강화를 주장하며 우리나라의 교육에 대해 여러 차례 거론했다. 미국의 시사주간지 〈뉴스위크〉가 국가만족도 특집기사를 실으면서 우리나라를 핀란드에 이어 2위로 꼽았다. 하지만 중요한 것은 세계가 주목하는 것이 한국의 높은 교육열이지 교육력은 아니라는 사실이다.

경제협력개발기구^{OECD}가 3년마다 실시하는 국제학생평가^{PISA}에서 지난 2006년 우리나라 학생들은 독해 1위, 수학능력 3위, 과학능력은 11위를 차지했다.

표면적으로는 전 세계가 부러워할 만한 성적임이 분명하다. 하지만 여기에도 함정이 있는데, 우리나라 학생들의 높은 PISA 점수는 공부하는 시간을 많이 투입해서 나온 결과라는 사실이다. 우리나라 학생들의 수학 학습시간당 점수는 57개 참여국 가운데 48위로 최하위권이었다. 우리나라의 평일 평균 전체 학습시간이 8시간 55분인데 반해 우리보다 수학점수가 2점 높은 핀란드는 우리의 절반인 4시간 22분에 불과했다. 물론, 노력해서 좋은 점수를 얻는 것은 나쁠 게 없지만, 독해, 수학, 과학에 대한 자신감이 OECD 국가 가운데 최하위 수준이라는 사실은 심각하다.

또 2007년 TIMSS(수학 · 과학 성취도 비교연구) 평가에서도 우리나라 학생들은 능동적, 창의적 학습 수준을 측정하는 '자신감'과 '흥미도' 지수에서 49개국 가운데서 모두 43위를 기록했다. 성적은 높지만 공부에 대한 자신감과 흥미는 상당히 떨어진다는 결론이다.

이처럼 국제기구에서 각 나라별로 학생들의 능력뿐만 아니라 자신감과 흥미도까지 측정하는 이유는 자기주도적 학습능력을 측정하기 위해서이다. 그래서 문항들을 살펴보면 자기주도학습의 윤곽을 대략 잡을 수 있는데, 학습(암기)전략, 목표지향성, 협력적 학습, 상세화, 도구적 동기유발, 수학 및 언어 흥미도를 통한 동기유발, 통제에 대한 인식, 자아효능감, 자아개념 등 총 61개에 달한다. 그 가운데 몇 가지만 살펴보면 다음 표와 같다.

경제협력개발기구OECD의 측정문항에 대해 자기주도학습이 가능한 아이와 그렇지 않은 아이는 각각 어떻게 대답할 것 같은가? 당신의 자녀라면 무엇이라고 답할 것 같은가? 그리고 당신은 당신의 자녀가 어떤 대답을 하기를 바라는가?

| 학업의 동기 |

• 다른 사람의 강요 때문인가?

• 취업 기회를 넓히기 위한 것인가?

• 공부(독서) 자체가 재미있기 때문인가?

| 자아효능감 |

• 어렵고 복잡한 과제를 이해할 수 있다고 믿는가?

• 숙제와 시험을 잘할 자신이 있는가?

• 배우는 지식과 기술을 완전히 마스터할 수 있다고 확신하는가?

| 노력과 끈기 |

• 공부할 때 최선의 노력을 기울이는가?

• 어려운 수학문제나 긴 국어 지문을 만나도 끈기 있게 도전하는가?

한국교육개발원이 2002년 10월 서울의 고교생 5,000명을 대상으로 '누군가가 도움을 주어야만 공부가 잘 되는가?'라는 질문을 던졌는데, 학업성적 상위 10퍼센트 학생은 10명 가운데 8명이 '그렇지 않다'고 답한 반면에 나머지 90퍼센트의 학생들은 절반가량이 '그렇다'고 대답했다. 이것은 곧 자기주도적으로 공부하는 학생의 성적이 높을 가능성이 크다는 것을 말한다.

이처럼 누군가의 도움 없이는 공부를 할 수 없다고 생각하는 학생을 Teacher boy, 즉 '의존형 학생'이라고 한다. 그들은 누가 시키지 않거나 외적인 도움이 없으면 학업을 제대로 수행하지 못하고 쉽게 주저앉는다. 학원에 의존하고 있는 학생들의 대부분이 여기에 해당된다.

반면에 자기주도학습이 가능한 아이들은 자신의 필요에 따라 교사, 학부모, 학원 강사 등 다른 사람의 도움을 주도적인 입장에서 받아들인다. 이것이 바로, 아무 생각 없이 교사, 학부모, 학원 강사에게 의존하는 Teacher boy보다 자기주도학습을 하는 아이들의 성적이 높을 수밖에 없는 이유이다.

아이가 학원에 가야 안심하는 엄마들

엄마들이 모이는 곳이라면 장소를 불문하고 자녀교육이 화두이다. 초등학교 엄마들 모임에 가면 더욱 그렇다.

큰아이가 중학생인 한 엄마가 "학원에 다니느라 파김치가 돼 들어오는 애를 보면 마음이 아린데, 그렇다고 학원을 그만둘 수도 없어요. 학원을 그만뒀다가 성적이라도 떨어지면 어쩌나 싶거든요"라고 말하자, 고등학생 자녀를 둔 다른 엄마가 이렇게 말을 받았다.

"중학생 가지고 뭘 그래요. 고등학교에 한번 가봐요, 그때부턴 정말 오도 가도 못해서 학원에 목맬 수밖에 없다니까요. 중학교 때부터 너무 학원으로 돌리지 말아요. 그러다 애 지쳐요."

당시 나는 초등학교에 다니는 외동딸만 두고 있어서 입도 벙긋 못하고 있었다.

그래도 가끔씩 내게로 화살이 날아올 때가 있다.

"그런데 미진 씨는 어쩌자고 애를 지금까지 학원에 안 보내는 거예요? 다른 건 몰라도 영어하고 수학학원은 꼭 보내야 해요. 그러고 있다가 중학교 가면 후

회해요."

"저는 아이가 필요하다고 느낄 때까지 좀 더 기다리려고요. 공부는 제가 하는 게 아니라 아이가 하는 거니까요."

그러면 대체로 이런 대답이 돌아온다.

"예체능학원이라면 몰라도 공부하고 싶다고 스스로 영어학원, 수학학원 가겠다는 애가 어딨어요? 엄마가 잘 이끌어줘야 하는 거죠."

물론이다. 엄마가 잘 이끌어줘야 한다. 그런데 어떤 방향으로 이끄느냐가 문제이다. 공부를 하지 않겠다고 버티는 자녀를 억지로 책상에 앉혀 놓고, 학원에 보내봐야 내 입만 아프고, 돈만 낭비하는 사태가 발생한다.

많은 엄마들이 집에서 공부를 안 하니까, 어쩔 수 없이 학원에 보낸다고 말한다. 그런데 집에서 공부하지 않는 아이가 과연 학원에 간다고 공부를 할까? 학원에 가면 엄마의 잔소리도 없고, 함께 놀 수 있는 친구들도 많다. 학원의 환경이 그러한데도 엄마들은 왜 학원에 보내면 아이가 공부를 열심히 하고 올 거라고 굳게 믿는 것일까? 집에서 새는 바가지는 밖에 나가면 10배는 더 새게 되어 있다. 학원에 꼭 보내야겠다는 생각을 가지고 있을수록 어떻게든 아이에게 자기주도학습을 먼저 가르쳐야 한다. 그래야 돈 낭비를 막을 수 있다. 학원 한두 달 늦게 보내더라도 자녀에게 공부하고자 하는 동기를 불러일으키고, 자기주도학습을 가르쳐줘야 학원에 가서 제대로 공부할 가능성이 높아진다.

어쨌든 결론적으로 학원에 보내든 보내지 않든 자기주도학습은 필수이다. 하지만 머리가 굵어진 중고등학교 시절엔 동기부여를 하고 의욕을 불어넣기가 쉽지 않다. 아이를 격려하려고 대화를 시도하면 반항으로 일관하고, 칭찬을 해도 먹히지 않을 때가 많다. '아, 나를 공부시키려고 엄마가 일부러 칭찬을 하는구나' 하고 이미 꿰뚫어볼 수 있을 만큼 머리가 굵었기 때문이다.

또, 중고등학교 시절에 자기주도학습 습관을 들이기 위해서는 많은 노력과 함께 시행착오로 인한 손실을 각오해야 한다. 물론 중고등학생이 되면 당장 발등에 불이 떨어진 상황이라 자녀는 공부를 '열심히' 하는 척할 것이다. 그러나 그것은 어디까지나 '척'일 뿐이다. 전기 자극에 무기력해진 개는 목줄을 풀어줘도 달아날 생각을 하지 않는다는 실험결과처럼 발등에 떨어진 불에 무감각해지기 시작하면 아이는 그 '척'도 하지 않게 된다.

그래서 부모의 칭찬 한마디에 고래처럼 춤출 수 있는 초등학교 시절이 자기주도학습 습관을 완전히 익히게 할 수 있는 적기인 것이다. 이렇게 만들어진 자기주도학습 습관은 쓰디쓴 공부라는 알약을 조금 편하게 삼킬 수 있게 도와주는 당의정이 될 것이다.

자기주도학습, 처음에는 부모의 도움이 필요하다

아이가 공부를 잘하려면 여러 가지 박자가 맞아야 한다. 우스갯소리 중에 아이가 가지는 지력의 기본은 '엄마의 정보력, 아빠의 무관심, 할아버지의 재력, 동생의 희생'이라는 말이 있다. 웃자고 시작된 이야기겠지만, 지금은 거의 정석처럼 받아들이는 경향이 있다.

여기서 말하는 '엄마의 정보력'이란 과연 무엇일까?

"최근에 이사를 했는데, 어느 학원이 좋은지 붙잡고 물어볼 사람이 없어요. 여기 엄마들 사이에서는 아이를 어느 학원에 보내는지 묻지 않는 게 예의래요."

이것은 아는 후배에게 들은 말이다.

"예전엔 가르치는 아이가 교육청 영재원 시험에 합격하면 다른 엄마들의 상담전화가 쏟아졌는데, 요즘은 안 그래요. 엄마들이 선생님 연락처를 다른 엄마들에게 가르쳐주지 않는다고 하더라고요. 한 엄마가 전화해서는 '누구 엄마한테 선생님 연락처를 물었는데 워낙 바쁘셔서 비는 시간이 없다며 연락처를 알려주지 않더라고요. 그래서 어렵게 선생님 연락처를 알았어요. 정말 시간이 안 되세요?'라고 묻더군요."

사교육에 종사하는 사람이 들려준 말이다.

수학을 하려면 어느 학원의 어느 선생님이 좋고, 영어는 어느 학원의 누가 잘 가르치고, 특목고를 가려면 어느 학원의 어떤 레벨에 들어가야 하며, 몇 살에는 뭘 가르쳐야 한다는 등의 정보가 과연 우리 아이들에게 진정 필요한 정보일까? 정말 쉬쉬하면서 다른 사람들에겐 특급비밀로 해야 하는 고급 정보일까?

나는 그렇게 생각하지 않는다. 이미 교육의 대세는 자기주도학습이다. 학원에서 얼마나 잘 떠먹여 주느냐가 아니라 학생 스스로 학습동기와 학습목표를 찾고, 그에 필요한 학습전략과 학습자원을 선택하며, 나아가 학습결과를 스스로 평가하는 과정이 중요한 시대인 것이다. 이 시대의 진정한 고급 정보는 학원 정보가 아니라 '어떻게 하면 자기주도학습이 가능하도록 가르칠 수 있는지'에 대한 정보이다.

"자율학습이라면 몰라도 자기주도학습에 대해 배운 적이 없는데, 제가 어떻게 도와주겠어요? 학원 선생님이라면 자기주도학습에 대해 가르쳐주실 수 있지 않을까요?"라고 말하는 부모들이 많다. 그러나 그것은 잘못된 생각이다.

학원은 기본적으로 영리추구를 목적으로 한다. 영리를 위해서는 수강생의 성적이 눈에 띄게 좋아져서 학부모를 만족시키거나, 뛰어난 학생을 많이 유치해 다른 학부모들에게 '좋은 학원'으로 소문 나는 것이 유리하다. 그런데 자기주도학습은 학력 면에서 효과가 서서히 나타나기 때문에 학부모를 만족시키기 어렵다. 또한 학생 개개인의 특성에 맞춰 훈련시켜야 하기 때문에 학원의 설립목적인 영리추구에도 위배된다.

내 아이를 가장 잘 아는 사람은 바로 부모이다. 그렇기 때문에 아이의 생활습관을 가장 잘 잡아줄 수 있는 사람도 부모이다.

자기주도학습의 핵심을 한마디로 표현하면 '스스로 계획해서 공부하기'다. 학기별 계획, 월간계획, 주간계획, 일일계획으로 나누어 학습계획표를 작성하는 것이 자기주도학습의 시작인 것이다.

물론, 처음부터 아이 혼자서 자기주도학습을 하기란 쉽지 않다. 아무리 자기통제능력이 뛰어나고 의지가 강한 아이라고 해도 처음 시작 단계에서는 부모나 조력자의 도움이 필요하다. 그래서 초기 과정에서는 학부모가 동참하여 방법을 알려주고, 서서히 아이 스스로 계획해서 공부할 수 있도록 리드해주어야 한다. 초등학교 시절 내내 이처럼 '스스로 계획해서 공부하기' 습관만 잡아줘도 중고등학교 때의 자기주도학습은 저절로 이루어진다.

부모가
바뀌지 않으면
아이도 바뀌지 않는다

부모가 먼저 바꿔라

내가 고등학교를 다닐 때만 해도 학교에는 온갖 '전설의 고향'이 회자되었다. 영어 단어를 다 외우고 나면 사전을 찢어 씹어먹어야 한다더라, 4시간 자면 붙고 5시간 자면 떨어진다더라, 깜지공부(시험공부 등으로 종이에 빽빽할 정도로 글자를 쓰면서 하는 공부)에 매일 볼펜 두 자루를 쓰고 버려야 한다더라 등등 보통의 학생들은 절대로 실천할 수 없지만, 특별히 공부 잘하는 아이들은 꼭 실천한다는 이야기들이 우리를 주눅 들게 했다. 그래서 공부를 잘하든 못 하든 우리는 고등학교 3년을 '전설의 고향' 흉내를 내며 살았다. 그것이 어언 20년이 더 지난 그야 말로 옛날 일이다.

10년이면 강산도 바뀐다는 말은 이미 죽은 속담이다. 지금 세상은 빛의 속도로 바뀌고 있다. 하지만 우리의 교육현장은 20년 전과 크게 달라지지 않았다. 아니 바뀐 점이 있기는 하다. 우리가 고등학교 때나 듣던 그 전설들을 이젠 초등학생 때부터 듣는다는 것이다.

이 시대는 창의성의 시대라는 말에 모두가 동의한다. 하지만 우리나라에서 스티브 잡스 같은 혁신가나 페이스북의 창시자인 마크 주커버그 같은 사람이 나오지 않는 데는 다 이유가 있다. 그것은 창의력의 꽃을 피울 수 없는 우리 사회의 교육방식과 사회구조 탓이다. 하지만 그런 한탄은 여기까지뿐이다. 내 아이의 교육문제와 맞닥뜨리는 순간, '창의성은 없어도 좋다. 공부만 잘해다오'가 되기 때문이다. 간혹 '공부만 잘하면 창의성은 저절로 따라온다. 너는 커서 반드시 스티브 잡스 같은 인물이 되어야 한다'는 얼토당토않은 주문을 하는 부모도 있다.

태어나면서부터 대학교에 들어갈 때까지 20여 년 동안 '부모가 시키는 대로 해라', '학원에서 시키는 대로 해라'라고 해놓고서는 창의적인 인물이 되라니, 차라리 토끼에게 너도 거북이처럼 물속에서 헤엄을 치라고 하는 편이 낫지 않을까.

아이디어 이론 가운데 3B이론이란 것이 있다. 위대한 발견은 버스^{bus}에서 무심히 창밖을 보고 있거나, 온몸에 힘을 뺀 채 편안하게 목욕물^{bath}에 몸을 담그고 있거나, 아무 생각 없이 잠자리^{bed}에 들었을 때 이루어진다는 이론이다. 1821년에 베토벤은 그의 친구에게 쓴 편지에서 "마차에서 잠들어 있는 동안 아름다운 악곡이 떠올랐다"라고 썼다. 그러면서 "그러나 내가 깨어났을 때 그 음악은 멀리 날아가버렸다네. 그 음악의 어느 일부분도 기억해낼 수 없었지"라고 했다.

초현실주의 화가인 살바도르 달리는 소파에서 스푼을 손에 쥐고 누워 깜빡 졸다가 아이디어를 얻었다고 한다. 손에 쥐고 있던 스푼이 떨어지면서 잠에서 깨어났는데, 이때 즉시 꿈속에서 보았던 이미지를 그렸다는 것이다.

내 아이가 이름도 없는 무명의 시민이 되기를 바라는가? 스티브 잡스나 베토벤 같은 시대의 아이콘이 되기를 바라는가? 이 질문에 부모가 먼저 대답을 해볼 일이다. 그 답에 따라 자녀교육의 방향이 달라질 것이다.

스티브 잡스나 베토벤까지는 아니라도, 기수가 이끄는 대로 오직 앞만 보고 달리는 경주마가 되기를 원하는 부모는 없을 것이다. 부모의 생각이 먼저 바뀌지 않으면 아이는 절대로 달라지지 않는다.

공부에도 '80대 20의 법칙'을 활용하라

주위 엄마들의 이야기를 들어보면 자녀를 학원에 보내는 이유가 조금씩은 다른데, 특히 "학원에라도 보내놔야 마음이 편해요"라고 말하는 엄마들이 많다. 아이가 집에서 빈둥거리는 꼴을 도저히 볼 수 없다는 거다.

"텔레비전 앞에 앉아 있는 애를 보면 속에서 열불이 나요. 공부하라고 해도 듣는 둥 마는 둥, 그런 꼴을 보고 있으니 학원에라도 보내는 게 나아요."

"학원에 가기 싫다고 떼를 써서 몇 달 동안 학원을 그만둔 적이 있었는데, 저나 아이 중에 하나는 미치겠더라고요. 저는 따라다니면서 공부하라는 잔소리를 하게 되고, 아이는 아이대로 어떻게든 놀 궁리만 하고. 결국은 아이가 먼저 학원에 가겠다고 하더라고요. 모르긴 해도 아이는 엄마 잔소리를 듣느니 학원에 가는 게 낫겠다고 생각했을 거예요."

심지어 내가 보기에는 애가 숨 쉴 틈 없이 바쁜 것 같은데 아이의 엄마는 "애가 노는 시간이 너무 많은 것 같아요. 학원 한 군데를 더 알아볼까 봐요"라고 하는 경우도 봤다.

아이가 빈둥거리는 것을 불안해하는 부모들이 많은 것 같다. 뭘 하든 책상 앞에 앉아 있기를 바라고, 뭘 얼마나 배우고 오는지는 모르지만 어쨌든 학원에 가는 것이 낫다고 생각한다.

최근 인터넷에서 'ㅇㅇㅇ의 뇌 구조' 같은 것이 올라와 네티즌의 관심을 끌었는데, 많은 엄마들의 뇌 구조를 그려보면 그 대부분이 아이의 공부에 대한 관심으로 채워져 있지 않을까 싶다. 간혹 뒤통수 아래 아주 조그마한 점처럼 '애가 좀 놀기도 해야 할 텐데'라는 생각을 하는 엄마가 있을지도 모르겠다. 반대로 아이들 머릿속은 온갖 생각들로 가득할 것이다. '공부를 하긴 해야 하는데' 조금, '그래도 놀고 싶어' 조금, '이번에는 게임 레벨을 깨야 하는데' 조금, 그리고 친구들이나 선생님과의 관계에 대한 생각도 한쪽 구석을 차지하고 있을 것이다. 자녀와 학부모의 뇌 구조가 이렇게 다르니, 접점을 찾기란 여간 힘든 일이 아니다. 부모는 자녀의 뒤통수를 따라다니며 '공부해라, 공부해라' 잔소리를 하게 되고, 자녀는 자녀대로 부모의 감시망을 피해 어떻게든 놀 궁리를 하기 때문이다.

가깝고도 먼 사이가 되어버린 자녀와의 관계를 고민하고 있는 부모들에게 나는 '80대 20의 법칙'을 제안하고 싶다. '20퍼센트의 룰'은 세계적인 IT기업인 구글의 룰이다. 구글 직원들은 업무시간의 20퍼센트를 회사 업무가 아니라 자신이 '하고 싶은 일'을 하는 데 사용할 수 있다. 많은 경제 전문가들은 오늘의 구글을 있게 한 원동력으로 이 20퍼센트의 룰을 꼽는다.

구글 역시 '20퍼센트의 룰'을 다른 기업으로부터 빌려 왔는데, 그 기업은 우리에게 포스트잇으로 너무나 친숙한 3M이다. 3M은 2011년 4월 한 글로벌 경영컨설팅 회사가 선정한 '세계에서 가장 혁신적인 10대 기업'에서 애플과 구글에 이어 3위에 오른 기업이다. 또한 세계적인 경영사상가 짐 콜린스^{Jim Collins}가 '향후 50~100년 동안 지속적인 성공과 적응력을 지닐 단 하나의 기업을 꼽으라면 나는 3M을 선택하겠다'라고 밝혔던 회사이기도 하다.

3M의 성공 원동력이 되었던 기업문화 가운데 하나가 바로 '15퍼센트 룰'이다. 구글이 '20퍼센트 룰'로 벤치마킹한 바로 그 시스템이다. 3M의 모든 직원들은 근무시간의 15퍼센트를 각자의 창조적 활동을 위해 사용할 수 있다. 해도 되고 안 해도 그만이지만, 3M의 직원들은 기꺼이 15퍼센트의 룰에 동참한다. 실패한 접착제가 새로운 아이디어와 결합해 세계적인 접착 메모지 포스트잇을 낳았던 것처럼 혁신과 창의적인 아이디어는 기업의 운명과 미래를 결정한다.

부모 입장에서는 아이가 가용시간의 100퍼센트를 공부에 투자했으면 좋겠다고 생각하지만, 그것은 가능하지도 않을 뿐더러 효율적이지도 않다. 그렇다고 100퍼센트의 시간을 창의적인 활동과 자유시간만으로 채우라는 얘기는 아니다. 80퍼센트의 시간에는 공부를 하고, 20퍼센트의 시간에는 내면의 탐구, 3B

법칙(bus, bath, bed)의 응용, 창의적인 활동 등을 할 수 있도록 이끌어야 한다는 것이다.

그렇다고 초등학교에 갓 입학한 아이에게 곧바로 80대 20의 법칙을 적용하려 해서는 안 된다. 자녀의 나이와 성향, 시간관리 습관 등을 고려하여 20대 80에서 시작해 순차적으로 80대 20까지 높여가는 것을 초등학교 시절의 목표로 잡아보자. 공부와 창의력, 두 마리 토끼를 모두 잡을 수 있을 것이다.

계획표는 엄마의 잔소리를 이긴다

잔소리하는 엄마를 자녀들이 얼마나 싫어하는지를 알 수 있는 설문조사 결과가 있다. 한 영화사에서 공포영화 개봉을 앞두고 '영화 속 잔혹한 살인마보다 무서운 당신 주변의 인물은 누구인가?'라는 주제로 설문조사를 진행했는데, 1위가 바로 '잔소리하는 엄마'였다.

그럼에도 많은 부모들이 훈육과 잔소리를 구분하지 못하고, 훈육의 방법으로 잔소리를 택한다. 잔소리 가운데서도 가장 듣기 싫은 잔소리는 '공부하라'는 잔소리이다.

"너 오늘 숙제 다 했어, 안 했어? 엄마가 학교 갔다 오면 숙제부터 하랬지? 어떻게 너는 하나부터 열까지 엄마가 챙겨줘야 되니? 네 형이 네 나이였을 때는 얼마나 잘했는지 아니? 엄마가 너 때문에 정말 힘들어서 못살겠다. 컴퓨터 아니면 텔레비전, 텔레비전 아니면 컴퓨터, 네가 다람쥐야? 컴퓨터와 텔레비전

사이에서 쳇바퀴를 돌게. 당장 텔레비전 끄지 못해!"

엄마가 길게 늘어놓은 이야기의 요점은 '숙제하라'는 것이다. 하지만 말이 길어지면서 핵심이 사라지고 자녀에 대한 평가와 비난에 가까운 비판일색으로 바뀌고 말았다. 부모는 부모대로 잔소리하느라 입이 아프고, 자녀는 자녀대로 그걸 듣고 있느라 귀가 아프다. 자녀의 경우에는 귀가 아픈 단계가 지나면 아예 귀를 막는 단계에까지 이른다. 부모의 잔소리에 무감각해지는 것이다.

아무리 알아듣게 말해도 그때뿐이지 돌아서면 다시 원점으로 돌아가는 것이 부모의 잔소리다.

'가서 공부해!' 하면 '예' 하고 들어가 만화책을 펴 들고, '학원에 시간 맞춰 가라!' 하면 '예' 하고 대답하고서는 다음날 시간이 임박해도 텔레비전 앞에서 꾸물거리고 있다. '그렇게 행동하지 마라!' 하면 부모가 안 보이는 곳에 가서 또다시 같은 행동을 반복하는 것이다.

잔소리를 하는 부모의 목표는 분명하고 명확하다. 자녀가 공부를 하게 하는 것이다. 하지만 잔소리로는 그 목표를 이룰 수 없다. 설령 아이가 순해서 부모의 말을 잘 듣는다 하더라도 그건 모래 위에 성을 쌓는 것과 같다. 아이가 자기 의견을 내세우는 중고등학교에 올라가면 잔소리가 더는 통하지 않기 때문이다.

그렇다면 아이가 스스로 공부하게 하기 위해서는 어떻게 해야 할까? 가장 먼저 할 일은 목표를 이루기 위한 전략을 바꾸는 것이다. 현재 내 아이가 갖고 있는 문제점을 제대로 진단해서 그에 맞는 공부의 방향을 제시하면 된다.

네트워크 시대를 맞아 고전하던 IBM에 루이스 거스너^Louis Gerstner가 CEO로 취임했을 때 언론과 시장에서는 그가 IBM을 살릴 멋진 비전을 발표하기를 기대했다. 하지만 그는 멋진 비전 대신에 게임의 룰을 바꾸는 혁신책을 내놓았다.

그는 IBM이 갖고 있는 가장 큰 문제가 회사 전체의 이익에는 무관심한 IBM의 사업 본부장들이라고 판단했다. 하지만 '회사 전체의 이익'에 관심을 가지라고 호통을 치거나 잔소리를 늘어놓지는 않았다. 대신에 개인의 성과를 바탕으로 인센티브를 주던 기존의 방식이 아닌 그룹 전체의 성과에 따라 인센티브를 주겠다고 발표했다. 특히 직급이 높을수록 개인의 성과보다는 조직의 성과 쪽에 비중을 두겠다고 천명했다. 그 후 자기 본부의 이익에만 관심이 있던 본부장들이 머리를 맞대기 시작했다. 그리고 룰을 바꾼 지 2년 만에 IBM은 흑자로 돌아섰다.

많은 부모들이 충분히 알아듣게 설명해도 아이들이 도통 말을 듣지 않는다고 한탄한다. 그런데 혹시 정말로 말만 하고 있었던 것은 아닌지 돌아보자. 텔레비전 때문에 공부를 하지 않는다고 판단되면 텔레비전을 치우면 된다. 컴퓨터가 공부에 방해가 된다고 생각되면 자녀 방에 있는 컴퓨터를 거실로 꺼내놓으면 된다. 아이 스스로 해야 할 일을 제대로 실천하지 않는다면, 해야 할 일을 모르고 지나치지 않도록 스케줄 칠판이라도 만들어 붙이면 된다.

아이가 초등학교에 입학할 무렵에 내가 가장 부러워했던 사람은 "애한테 공부하라는 잔소리를 해본 적이 없어요. 그런데도 애가 다 알아서 해요"라고 말하는 엄마들이었다. 나도 아이에게 공부하라는 잔소리를 하지 않는 쿨한 엄마가 되고 싶었다.

그래서 시작한 것이 '계획표 짜기'였다. 초등학교 1, 2학년 때는 일주일 단위로 표를 만들어 아이의 책상 앞에 붙여주었고, 초등학교 3학년 때부터 스스로 플래너를 사용하도록 가르쳤다. 사실 초등학교 저학년 때의 일과는 계획표를 짜도 그만, 안 짜도 그만일 정도로 단조롭다. 그래도 매일매일 계획표를 작성하고 실천하도록 한 이유는 '공부하라'는 잔소리를 하지 않기 위해서였다.

아이가 스스로 계획표를 짜게 되면 엄마는 공부하라는 잔소리를 하지 않아도 된다. 공부를 하라 마라 할 필요도 없이 그냥 "계획표대로 했니?"라고 확인만 하면 된다. 그러면 엄마의 잔소리도 없어지고 아이와의 갈등 수위도 한층 낮아진다.

처음부터 혼자 잘하는 아이는 없다

평소 자주 듣지만 그 실체를 알 수 없는 존재 가운데 하나가 '엄친아'라고 말들 한다. 그렇다면 그 엄친아들은 처음부터 똑똑하고 공부를 좋아하는 아이로 태어난 것일까? 현재의 '엄마 친구의 아들과 딸'은 결과일 뿐이다. 그 과정에는 조력자, 특히 부모의 뒷받침과 노력이 있다. 그날 해야 할 공부를 다하지 않고는 못 견디는 최상위권 학생 뒤에는 어릴 때부터 그날 할 일은 그날 끝내도록 습관을 만들어준 부모가 있고, 뭐든지 스스로 알아서 하는 '남의 자식' 뒤에는 자신의 일을 알아서 하도록 가르친 부모가 있다.

오래전 포항의 한 농부가 자녀들을 모두 서울대학교에 진학시켜 화제가 된 적이 있다. 그 비법을 묻는 기자들의 질문에 농부는 '모범 보이기'를 첫 손가락에 꼽았다. 그는 들일을 나갈 때마다 항상 책 한 권을 가지고 나갔다고 했다. 책을 들춰볼 시간이 없을 만큼 바쁜 농사철에도 그 습관을 고수한 이유는 자녀들이 자신처럼 책을 가까이했으면 하는 간절한 마음 때문이었다. 공부하라는 열 마디 말보다 일하면서도 책을 놓지 않는 아버지의 모습이 자녀들에게 더 큰 울림이 되었으리라는 걸 충분히 짐작할 수 있다.

처음부터 혼자 잘하는 아이는 세상에 없다. 다 큰 성인도 처음 무엇인가를 배울 때는 앞에서 가르쳐주거나 이끌어주는 사람이 있어야 수월한 법이다. 하물며 이제 막 배움의 길에 들어선 아이들이야 말해서 무엇하랴. 처음부터 혼자 잘할 수 있어야 한다고 닦달하지 말자. 처음 공부를 시작하는 아이, 처음 자기주도학습을 시작하는 아이, 처음 계획표라는 것을 짜보는 아이는 처음 걸음마를 배우는 아기와 같다. 아기가 막 걸음마를 시작할 때 능숙하게 걷지 못한다고 나무라는 부모는 없다. 한두 발짝 걷다가 넘어져도 '잘한다, 잘할 수 있다'고 격려해주지 않았는가! 마찬가지로 처음 자기주도학습을 시작하고 시간관리를 배우는 아이에게도 느림을 인정하고, 실패를 하더라도 조바심내지 않고 '잘한다, 잘할 수 있다'는 격려와 박수를 보내줘야 할 것이다.

하나를 가르쳐주면 열을 깨치는 아이는 드물다. 위인전에 등장하는 인물들도 수없이 많은 연습과 실패의 과정을 겪지만 끝까지 포기하지 않는 정신으로 위업을 이룬다. 시의 성인이라 불리는 두보(杜甫)는 시를 한 편 쓰기 위해 수천 개의 시를 습작했고, 에디슨은 전구를 개발하기 위해 2,000번의 실패를 거듭했다. 연습과 실패의 반복은 성공으로 가는 지름길이다. 중요한 것은 끝까지 연습하는 것이고, 실패에 주저앉지 않는 것이다. 하나를 가르쳐주고 열을 깨우치지 못한다고 타박하지 말고, 한 번 가르쳐주고 모든 것을 가르쳐줬다고 착각하지 말

자. 모르면 알 때까지, 실패하면 다시 일으켜서 자기주도학습과 시간관리법을 가르쳐야 한다.

강인한 의지력으로 모든 유혹을 꿋꿋이 이겨내는 아이도 없다. 그것은 어른들에게도 어려운 일이다. 새해 새로운 출발을 다짐하며 세운 계획을 당신은 며칠이나 실행하는가? 금연이나 다이어트, 운동 등을 하기로 결심한 이후 3일을 넘기기가 힘들지 않았던가. 아이의 작심삼일, 아니 작심하루를 나무라지 말자. 작심삼일도 100번 하면 1년이란 생각으로, 작심하루를 작심이틀, 작심삼일로 점차 늘려갈 수 있다는 믿음으로 아이를 이끌어주자.

시간관리의 중요성에 대해 이야기하면

많은 엄마들이 '공부'에 포인트를 두고 욕심을 낸다.

얼렁뚱땅 보내는 시간을 줄이고, 그 시간에 더 많은 공부를

시킬 수 있을 거라는 환상에 빠지는 엄마들도 있다.

하지만 시간관리를 처음 시작할 때는 공부의 양은 중요하지 않다.

저학년 때 우리 집 아이의 계획표에 적힌 것은 달랑 세 가지였다.

'숙제하기, 수학문제 3장 풀기, 책 읽기'가 바로 그것이다.

나는 아이의 계획표의 핵심을 더 많이 공부하는 데 두지 않았다.

계획을 세우는 행동과 계획의 실천, 확인에만 중점을 두고

과욕을 부리지 않았다.

아이와 함께 시간관리를 시작한다고 해서

공부에 더 많은 욕심을 내서는 안 된다.

오히려 하루에 모든 계획을 실천할 수 있도록

공부량을 조절해줘서 계획했던 일을 모두 끝냈다는 성취감을

맛보게 하는 것이 더 중요하다.

:: **2장** ::

스스로

공부하는 것이

진짜

실력이다

소신 있는 부모가
스스로 공부하는
아이를 만든다

자녀 공부의 로드맵을 그려라

옛날 인도의 어떤 왕이 장님 여럿을 불러 손으로 코끼리를 만져보게 했다. 제일 먼저 코끼리의 상아를 만진 장님이 말했다.

"폐하, 코끼리는 무같이 생긴 동물입니다."

그 옆에 있던 코끼리의 귀를 만졌던 장님이 나섰다.

"아닙니다, 폐하. 코끼리는 곡식을 까불 때 사용하는 키같이 생겼습니다."

이때 코끼리의 다리를 만졌던 또 다른 장님이 큰소리로 끼어들었다.

"둘 다 틀렸습니다. 코끼리는 커다란 절구공이처럼 생긴 동물이 틀림없습니다."

불교 경전인 열반경에 나오는 우화이다. 사자성어로는 맹인모상(盲人摸象)이라 하는데, 전체를 보지 못하고 자기가 알고 있는 부분만 가지고 고집을 부린다는 뜻이다.

초등학교부터 고등학교 3학년 때까지의 12년 과정을 코끼리라고 했을 때, 초등학교 때 공부는 코끼리의 상아나 귀, 또는 다리 한쪽에 불과하다. 그런데도 많은 부모들이 시험문제 하나 더 맞추고 더 틀렸느냐에 따라 의기양양해하거나 기죽어 한다. 이것은 코끼리 전체를 보지 못하고, 다리 하나만 만져 보고 코끼리의 생김새를 단정 짓는 장님과 같다.

그렇다면 코끼리 전체를 제대로 보기 위해서는 어떻게 해야 할까?

초등학교와 중학교, 고등학교라는 각각의 시기에 필요한 공부력을 중심으로 로드맵을 작성해볼 필요가 있다.

나는 아이가 초등학교 때는 스스로 공부를 할 수 있도록 자기주도학습의 기초를 다지고, 중학교 때는 자기주도학습의 방법을 익히고, 고등학교에 가서 자기주도학습으로 공부에 매진하는 것으로 아이의 공부 로드맵을 짰다. '초등학교 때 100점이 좋은가, 중학교에서의 100점이 좋은가?' 또 '중학교에서의 100점이 좋은가, 고등학교에서의 100점이 좋은가?'를 물으면 어떤 부모든 고등학교에서 100점 받는 것을 원할 것이다. 처음에 잘했다가 점점 동력이 떨어지는 공부보다, 서서히 속도를 높여가는 마라톤 페이스를 유지했으면 하는 것이다.

처음부터 끝까지 쭉 잘하면 된다고 말하는 사람도 있겠지만, 공부의 밑천이 없는 상태에서는 절대로 처음부터 끝까지 잘할 수 없다.

'남들도 다 하는데' 하는 불안감에 이 학원 저 학원으로 아이를 내돌리는 일은 혼자서 공부할 수 있는 기회를 빼앗는 것이다. 부모 공부인지 아이 공부인지 헷갈릴 정도로 부모가 공부를 주도하다 보면 아이는 자기주도학습력을 만들어내지 못한다. 시험성적 조금 떨어졌다고 아이 앞에서 면박을 주는 것도 공부의욕을 빼앗는 것이다. 이처럼 부모가 모든 것을 다 빼앗아 놓고서는 중고등학교 가서 성적이 떨어진 책임을 아이에게 전가하는 것은 무책임한 행동이다.

아이의 인생을 멀리 내다보자. 성적의 중요도를 따지자면 초등학교 때보다는 중학교 때, 중학교 때보다는 고등학교 때가 더 중요하지 않겠는가.

더구나 상급 학교에서 요구하는 인재상이 변하고 있다. 그중의 하나가 '자기주도학습이 가능한 자'를 우대하는 것이다. '자기주도학습전형'이 엄청난 사교육비 지출로 허리가 휜 가정과 비정상적인 과열경쟁으로 뿌리까지 흔들리고 있는 우리 교육계에 새로운 대안으로 떠오르고 있는 것이다.

지난 2011년 대학 수학능력시험에서 아버지가 막노동을 하는 가정에서 자라 과외는 물론이고 그 흔한 학원 한 번 가보지 못한 채 서울대학교 화학생물공학과와 기계항공공학과 지역균형 수시모집에 합격한 쌍둥이 형제가 화제가 된 일이 있다. 이때 이들 쌍둥이 남매를 합격시킨 서울대학교에서는 "쌍둥이 형제의 놀라운 학업성적과 노력, 어려운 환경 속에서도 자기주도적으로 공부해온 그간의 모습을 고려해볼 때 서울대에서 충분히 좋은 성적을 올릴 수 있다고 판단했다"라고 이들을 합격시킨 이유를 밝혔다. 성적뿐만 아니라 쌍둥이 형제의 '자기주도학습 능력'을 눈여겨보았다는 말이다.

자녀가 목표를 세울 수 있도록 도와줘라. 그리고 그 목표에 따라 학습할 수 있도록 시간관리법을 가르쳐라. 초등학생 자녀를 둔 부모가 가장 우선해야 할 일은 자녀의 시험성적표를 꼼꼼히 들여다보는 일이 아니라 자녀의 공부습관을 잡아주는 일이다.

부모도 공부하고 계획하자

아이들에게 어떻게 해야 공부를 잘할 수 있는지를 물으면 어떻게 대답할까?

무조건 열심히 해야 한다거나, 예습과 복습을 잘해야 한다거나, 학원에 다녀야 한다는 등의 다양한 대답이 나올 것이다.

그렇다면 어떻게 해야 공부를 잘할 수 있는지를 부모인 우리에게 물어온다면 당신은 뭐라고 대답하겠는가?

아이에게 열심히 공부하라는 부모는 많지만 공부를 '어떻게' 해야 하는지를 알려주는 부모는 드물다. 자기주도학습이라는 말도 생소한데 그 방법을 어찌 가르칠 수 있으랴. 하지만 아이가 자기주도학습을 실천할 수 있도록 조력자가 되겠다는 결심이 선다면, 실천하는 일은 그리 어렵지 않다. 부모는 아이에 비해 이미 문리(文理)가 트여 있기 때문이다.

다만, 그러기 위해서는 부모도 공부를 해야 한다. 서점에 나가보자. 공부법에 관한 책들은 이미 차고 넘치는 수준이다. 전반적인 학습법뿐만 아니라 각 과목별 공부법에 관한 책들도 다양하게 나와 있다. 내 자녀에게 꼭 필요하다고 판단되는 책을 골라서 읽고 공부하면 된다. 가장 간단하게는 인터넷 포털사이트의 블로그나 인터넷 카페에만 들어가 봐도 다양한 정보를 접할 수 있다. 그것들 중에서 자신과 자녀에게 필요한 부분은 흡수하고, 그렇지 않은 것은 지나치면 된다.

딸이 초등학교에 입학할 무렵 나 또한 수많은 책과 자료를 찾아 읽었다. 여느 부모들이 그렇듯, 내 아이에게 제대로 된 학습의 길을 제시해주고 싶었기 때문이다. 그래서 내린 결론이 초등학교 시절에 가장 중요한 것은 '자기주도학습 습관 들여주기'였다. 그리고 자기주도학습 습관을 들여주기 위해 초등학생 시절인 6년 동안 아이를 어떻게 이끌어주어야 하는가에 대한 고민에 접어들었다.

참고로 그 당시 책과 자료를 접하면서 내가 잡았던 큰 틀을 잠깐 소개하겠다.

첫째, 초등학생의 학습에서 가장 중요한 것은 자존감과 행복감이다.

둘째, 공부는 적은 양이라도 매일매일 하는 것이 중요하다.

셋째, 책과 친구가 될 수 있도록 도와주어야 한다.

넷째, 시험성적에 대한 스트레스를 이겨내고, 학년이 높아질수록 자신의 능력을 믿는 아이로 키워야 한다.

다섯째, 학습을 위한 학원이든 예능 학원이든 학원은 가능한 한 늦게, 그리고 꼭 필요하다는 판단이 섰을 때 보내는 것이 좋다.

이런 틀을 바탕으로 매 학년마다 다시 중점적으로 지도해야 할 '습관'들을 정리해 나갔다. 중간점검을 통해 궤도 수정을 하기도 했지만, 애초에 생각했던 틀에서 크게 벗어나지는 않았다.

이때 나는 초등학교 공부와 관련된 책뿐만 아니라 중고등학교 공부와 연관된 책까지 다양하게 읽었다. 그것은 중고등학교에서 필요한 학습방법까지 모두 알고 있어야 초등학교 시절에 무엇이 중요한지 제대로 파악할 수 있다고 생각했기 때문이었다.

아이들에게만 공부하라고 닦달하지 말고 부모도 공부하자. 한 달만 집중적으로 공부하면 내 아이의 12년 로드맵이 머리에 그려진다. 그리고 시기별로 부모가 해주어야 할 것은 무엇이고, 아이에게 필요한 것이 무엇인지를 깨달을 수 있다. 전략이 제대로 수립되고, 부모가 흔들리지 않는 소신을 갖는다면 아이에게 그 길을 안내하는 것은 어려운 일이 아니다.

명검에도 '식힘'의 과정이 필요하다

간혹 연예인들 기사를 보면 '살인적인 스케줄'이라는 말이 등장한다. 이 단어를 볼 때마다 나는 요즘 아이들의 빡빡한 생활패턴이 떠오른다. 주위를 둘러보면 스케줄이 숨이 찰 만큼 바쁜 아이들이 많다. 도대체 저 아이들은 언제 노나 싶은 생각이 들기도 한다.

하교 이후에 학원을 몇 개씩이나 다니는 것은 기본이고, 과외를 하긴 해야겠는데 도저히 시간이 없어서 새벽 6시에 과외를 받게 하고 학교에 보낸다는 이야기를 들은 적도 있다. 우리 어른들에게도 저런 스케줄은 벅찬데, 이제 초등학생밖에 되지 않은 아이들에게는 너무 가혹한 게 아닐까?

"열 개를 배우는 것보다 하나를 제대로 익히는 것이 더 중요하지 않을까?"라고 말하면, "열 개를 배우고 그 열 개를 다 익혀야지 무슨 소리냐?"라고 어이없다는 표정을 짓는 엄마들도 많다. "요즘 아이들 참 불쌍하다"라고 말하면서도 "그래도 시대가 이런 걸 어쩌겠느냐"라고 체념 섞인 한탄을 늘어놓는다.

오늘날 우리 사회를 한마디로 표현하자면 '경쟁사회'가 될 것이다. 미래에 대한 극도의 불안감과 뒤처지면 안 된다는 공포심이 사회를 지배하고 있는데, 이것은 아이들 교육에도 고스란히 투영되고 있다.

"점점 더 살기 힘들어질 텐데, 좋은 대학이라도 가면 좀 낫지 않겠어요?"

"나 좋으라고 그러나요? 나중에 저 살기 좀 편하라고 그러는 거지……."

"다른 애들은 모두 앞서 나가는데 우리 애만 뒤처지면 어떡해요?"

"요즘 학원 서너 개 다니는 건 기본이에요. 그러니 어쩌겠어요. 다들 그렇게 하는걸."

이렇게 말하는 부모들은 초등학생밖에 되지 않은 자녀를 마치 고등학교 3학년인 양 몰아친다. 이처럼 부모들이 자녀를 공부하라고 달구고 두드리는 이유는 내 아이를 평범한 칼이 아닌 명검으로 만들기 위해서일 것이다. 하지만 열심히 달구고 두드리기만 해서는 명검이 만들어지지 않는다. 불에 달궈진 칼을 두드려서 찬물에 집어넣어 식히는 '담금질' 과정이 없으면 안 되는 것이다.

명검을 만드는 과정에서 달궈진 쇠를 찬물에 집어넣는 식힘의 과정이 필요하듯이, 내 자녀의 성공적인 공부를 위해서는 '강도 높은 집중'과 함께 '적절한 휴식'이 필요하다.

아이와 같은 생활패턴을 유지하라

아이와 엄마가 텔레비전을 앞에 두고 실랑이를 벌이고 있다.

"빨리 방에 들어가서 공부해!"

"엄마도 텔레비전 보잖아요. 나도 볼래요!"

"엄마가 너랑 같니? 하루 종일 밥하지, 빨래하지, 청소하지. 드라마 보는 시간만이라도 좀 쉬자!"

"나도 하루 종일 학교 갔다 오고, 학원 갔다 왔어요. 나도 드라마 보면서 쉬고 싶어요!"

"어디 엄마한테 꼬박꼬박 말대답이야! 당장 들어가지 못해!"

텔레비전은 정말 마약과도 같다. 광고 가운데 영화 '올드 보이'를 패러디해 텔레비전 시청에 푹 빠진 한 남자의 모습이 그려진 적이 있다. 영화에서처럼 만두를 씹어 먹으며 퀭한 눈으로 정면을 응시하고 있던 남자는 이제 그만 나오라는 목소리에 그동안 화면에는 보이지 않았던 텔레비전을 끌어안으며 이렇게 말한다.

"아직 덜 봤단 말이에요."

아이들도 마찬가지다. 리모콘을 빼앗기면 세상이 무너질 것 같은 표정을 짓는다. 이렇게 울며 겨자 먹기로 텔레비전 앞에서 쫓겨났는데, 그 자리에 엄마나 아빠가 떡하니 앉아 있다면 아이는 어떤 심정일까? 읽어야 할 책이, 풀어야 할 수학문제가 눈에 들어올까? 엄마나 아빠의 강압에 못 이겨 책상에 앉는다 하더라도 온 신경이 텔레비전 소리에 집중될 게 뻔하다.

우리 가족은 밤 시간이면 언제나 한 공간에 모인다. 텔레비전 앞이 아니라, 각자의 책상이 한 곳에 모여 있는 서재다. 아이는 아이 책상에서, 나는 내 책상에서, 그리고 남편은 앉은뱅이책상에서 각자의 할 일을 하면서 시간을 보낸다. 남편과 나는 노트북을 앞에 두고 앉는데, 물론 컴퓨터게임을 하지는 않는다. 딸아이는 이런 우리 가족을 두고 '오글오글 가족'이라고 이름을 붙였다. 책장과 책상 2개, 앉은뱅이책상 하나를 놓는 것만으로도 의자를 뺄 정도의 공간밖에 남지 않는 조그만 방에 오글오글 모여서 시간을 보내기 때문이란다.

리모콘을 붙들고 싸우는 대신에 아이가 공부에 집중해야 하는 시간에는 오글오글 가족이 될 것을 권하고 싶다. 텔레비전 앞에 한 명, 자기방 책상 앞에 한 명, 컴퓨터 앞에 한 명으로 흩어지는 게 아니라 온 가족이 한 공간에 모여 '따로 또 같이' 함께하는 것이다.

아이가 제대로 공부하는지를 옆에 앉아 감시하라는 이야기가 아니다. 엄마 아빠도 아이와 함께 각자의 일을 하면서 아이의 라이프 스케줄에 맞춰주라는 것이다.

영화 '말아톤'에 보면 사회봉사 시간 때문에 하는 수 없이 초원이를 맡은 코치는 초원이 혼자 운동장을 돌게 한 후에 자신은 벤치에 늘어지게 누워 있다. 사회봉사 시간만 채우면 되기 때문이다. 하지만 정말 초원이를 이해하게 되면서부터는 초원이와 함께 운동장을 달리기 시작한다. 자신이 달릴 수 없을 때는 자전거라도 타고 따라붙는다. '공부하라'는 말 한마디만 던져둔 채 자신은 텔레비전에 빠져드는 부모는 초원이 혼자 운동장을 돌게 하고 자신은 벤치에 누워 있는 코치와 같다.

요즘은 거실을 서재로 바꾸는 집이 많다. 남의 집 일이려니 하지 말고, 적극적으로 실천해보자. 아이에게 심리적인 안정감을 주는 것은 물론이고, 하루에 한 시간이든 두 시간이든 자연스럽게 공부하는 습관이 자리 잡게 된다. 또 그동안 자녀 공부에 무관심하던 아빠의 관심까지 끌어들일 수 있을 뿐만 아니라 가족 간에 대화도 많아지고, 1년에 책 한 권 읽지 않던 엄마 아빠에게도 변화가 일어나는 일석다조(一石多鳥)의 효과를 보게 될 것이다.

부모가 변하면 아이도 변한다. 진정 아이의 변화를 원한다면 부모인 당신부터 생활패턴을 바꾸면 된다.

엄마표로 시작해서 아이표로 이끌어라

한동안 엄마표 영어, 엄마표 수학이라는 말이 유행했다. 사교육이 만연하면서 그 대안으로 나온 것이 엄마표 학습이다. 하지만 많은 부모들이 엄마표 학습의 어려움에 대해 토로한다.

"내 아이 내가 못 가르친다는 말이 왜 나왔겠어요?"

"이러다 아이와 사이만 나빠지겠어요."

"방금 전에 가르쳐준 걸 모르겠다고 하면 화가 나서 못 견디겠어요. 그러면 안 된다는 걸 알면서도 소리를 지르게 돼요."

세상에서 가장 큰 욕심을 꼽으라면 아마도 자식에 대한 부모의 욕심일 것이다. 그러다 보니 자신의 욕심에 부응하지 못하는 아이의 공부력에 화가 나서

버럭 소리를 지르거나 머리를 쥐어박는 경우가 왕왕 발생한다. 그리고 자녀의 학년이 올라가면 부모의 능력에도 한계가 오기 때문에 학원행을 택하게 된다.

그러나 부모가 조금만 마음을 돌려 먹으면 엄마표 학습은 많은 장점을 가지고 있다. 우선, 자녀를 학원으로 내몰지 않기 때문에 아이들에겐 시간이 넉넉해지고, 부모 입장에서는 주머니가 두둑해진다. 또, 자녀가 가지고 있는 학습의 강점과 부족한 점을 제대로 파악할 수 있어서 아이와 학습계획을 세울 때도 어떤 점을 강화해주고 어떤 점을 보완해주어야 하는지를 좀 더 정확하고 빠르게 판단할 수 있다. 그리고 무엇보다 가장 큰 장점은 자기주도학습 습관을 들여줄 수 있다는 것이다.

앞서 자기주도학습이 대세라는 이야기를 했다. 상급 학교에서 원하는 아이들이 자기주도학습이 가능한 아이들이기도 하지만, 자기주도학습을 통해 계획성과 성실성, 자율성이라는 인생의 든든한 밑천을 덤으로 얻을 수 있기 때문이다.

하지만 초등학교 1학년에 들어가자마자 아이에게 알아서 자기주도학습을 하라는 것은 발차기도 가르치지 않은 채 물속에 아이를 밀어넣는 것과 같다. 그래서 아이가 어릴 때에는 엄마표 학습이 반드시 필요하다. 그렇다고 초등 1학년 때 시작한 엄마표 학습을 6학년까지 이어가라는 것은 아니다. 언제쯤 엄마표 학습에서 아이표 학습으로 완전히 넘어갈 건지를 계획한 후에 서서히 아이표 학습으로 나아갈 수 있도록 도와야만 엄마표 학습의 장점을 제대로 살릴 수 있다.

수영 배울 때를 떠올려보자. 초보자가 처음으로 발차기를 배울 때는 벽을 잡고 발차기를 연습한다. 하지만 내내 벽만 잡고 수영을 할 수는 없는 노릇이다. 다음엔 킥보드를 잡고 발차기와 팔 돌리기를 익히고, 그러다 킥보드 없이도 수

영장을 가로지르는 실력을 갖게 된다.

엄마표 학습에서 엄마는 수영장에서의 든든한 벽 역할을 하면 된다. 벽처럼 엄마는 어느 단계쯤에 가면 떠나야 하는 존재인 것이다. 그때를 대비해 킥보드를 준비하고, 스스로 발차기와 팔 돌리기를 할 수 있도록 도와주는 것이 부모의 역할이다.

그리고 엄마표 학습에서 아이표 학습으로 나아가는 킥보드는 계획표이다. 결국 엄마와 계획표를 짜고 함께 공부하는 과정을 거치다 보면 엄마표 학습은 아이표 학습으로 발전하게 된다.

시간관리, 부모가 먼저 모범을 보여라

가장 좋은 자녀교육법은 '모범 보이기'다. 아이가 바른 말을 사용하도록 가르치고 싶으면 부모가 먼저 바른 말을 사용하면 되고, 아이가 바른생활을 하도록 가르치고 싶으면 부모가 먼저 바른생활을 하면 된다. 마찬가지로 시간관리법을 가르치고 싶다면 부모가 솔선수범해서 시간을 관리하면 된다.

하지만 이렇게 말하면 많은 부모들이 무척 난감해한다.

"시간관리라고 특별히 해본 적이 없는데, 그건 어떻게 하는 건데요?"

그리고 전업주부들은 백이면 아흔아홉 명이 이렇게 반응한다.

"집안일이란 게 어제 일이 오늘 일이고, 오늘 일이 내일 일인데, 시간관리랄 게 뭐 있어야 말이죠."

하지만 전업주부라고 하더라도 시간을 어떻게 관리하느냐에 따라 결과는 달라진다. 그 대표적인 예가 전업주부에서 CEO로 변신한 마사 스튜어트이다. 살림의 여왕으로 알려진 마사 스튜어트는 딸아이와 함께 보낼 시간을 만들기 위해 직장을 그만두고 전업주부의 길로 들어섰다. 그녀는 보통의 전업주부들과 마찬가지로 아이와 함께 음식을 만들고, 아이에게 좋은 음식을 먹이는 데 많은 시간을 투자했다. 역시 우리처럼 어제 일이 오늘 일이고, 오늘 일이 내일 일 같은 집안일을 반복한 것이다. 하지만 그녀는 시간관리를 통해 집안일을 상업적으로 성공시켜 CEO로 거듭났다. 그녀의 나이 마흔일 때였다. 주부의 가치, 살림의 가치를 상업적으로 성공시킨 마사 스튜어트는 자신의 성공 비결에 대해 "일상에서 항상 새로운 것을 찾으려는 노력에 있다"라고 말하면서, '시간관리'의 중요성을 강조했다.

"무엇보다 시간관리가 중요합니다. 시간의 균형을 잡을 필요가 있습니다."

그렇다면 마사 스튜어트가 말하는 시간의 균형이란 어떤 것일까? 여기에 대한 답은 스티븐 코비의 《성공하는 사람들의 7가지 습관》에서 찾을 수 있다. 이 책에서 스티븐 코비는 중요한 일의 성격을 '긴급한 일, 중요하지만 긴급하지 않은 일, 중요하지 않지만 긴급한 일, 중요하지도 긴급하지도 않은 일로 구분하였다.

뒤에서 다시 자세히 이야기하겠지만, 주부들도 이런 기준으로 자신의 일을 나누면 된다. 그리고 집안일을 하면서도 틈틈이 시간을 쪼개어서 생산능력 향상, 인간관계 구축, 새로운 기획 발굴, 중장기 계획(중요하지만 긴급하지 않은 일) 등의 일에 좀 더 많은 시간을 투자하면 되는 것이다.

나 또한 중요하고 긴급한 일(방송원고 작성이나 딸의 양육과 관련된 문제)들과 중요하지 않지만 긴급한 일(울리는 전화를 받는 일, 빨래, 식사 준비, 다림질, 청소) 등으로 많은 시간을 보낸다. 그러나 중요하지만 긴급하지 않은 일인 내 미래에 대한 구상과 실천, 발전을 위한 투자, 내 꿈을 이뤄가기 위한 기회 발굴 등을 하기 위해 노력하는 것도 간과하지 않는다.

누구에게나 하루 24시간은 똑같이 주어진다. 중요하지만 긴급하지 않은 일을 해내기 위해서는 중요하지는 않지만 긴급한 일, 중요하지도 않고 긴급하지도 않은 일에 투자하는 시간을 줄이는 수밖에 없다. 이것이 바로 시간의 균형을 맞추는 일이다.

자녀에게만 시간을 낭비한다고 다그치지 마라. 자녀에게만 공부하라고 잔소리하지 마라. 자녀에게만 꿈을 꾸라고 강요하지 마라. 부모도 시간을 관리하고, 새로운 꿈을 꾸고, 그 꿈을 위해 공부해야 한다. 자녀를 책상에 앉히는 가장 좋은 방법은 부모가 먼저 책상에 앉는 것이다. 자녀가 책을 읽게 하는 가장 좋은 방법 역시 부모가 먼저 책을 읽는 것이다.

우리 집에는 텔레비전이 없다. 몇달 전에 가족의 동의를 얻어 완전히 없앴다. 이유는 아이 때문이 아니라 나 때문이었다. 방송작가인 내가 텔레비전을 없애는 극단적인 선택을 하게 된 이유는 딸에게 모범을 보일 자신이 점점 없어져서였다.

나는 아이에게 텔레비전은 주구장창 앉아서 보는 것이 아니라, 필요에 의해 선택해서 보는 것이라고 가르쳐왔다. 텔레비전 편성표를 보고 원하는 프로그램을 하루에 하나 정도만 보게 했고, 나 또한 필요한 프로그램을 시청할 때에만 텔레비전을 켰다.

하지만 '미드(미국드라마)'를 만난 게 화근이었다. 딸과 남편이 잠들고 나면 혼자 텔레비전 소리를 최대한 낮춰놓고 미드를 보기 시작한 것이다. 그 다음날 일에 지장을 줄 정도였지만 나는 미드에 점점 더 빠져들었다. 고개를 약간 비딱하게 숙인 채 서 있는 호라시오의 유혹(CSI MIAMI), 깁스의 미소(NCIS), 템퍼런스의 차가운 이성(BONES)이 주는 중독성은 도저히 이겨낼 수 없는 마력으로 다가왔다.

어느 날 문득 정신을 차리고 보니 미드를 찾아 여기저기 채널을 돌리고 있는 내가 보였다. 당장이라도 아이가 "엄마는 주구장창 텔레비전 앞에 있으면서, 나는 왜 안 된다는 거야?"라고 물어올 것만 같았다. 그래서 극약 처방으로 내린 결정이 텔레비전을 없애는 것이었다.

텔레비전을 없앤 것에 대해 나는 아주 만족하고 있다. 중요하지만 긴급하지 않은 일에 투자할 시간이 넉넉해진 것은 물론이고, 아이에게 모범을 보이지 못하는 상황을 미연에 막을 수 있었기 때문이다.

자녀에게만 시간관리를 닦달하지 말고, 부모인 우리도 하루 일과를 성격에 따라 분류해보자. '중요하지 않지만 긴급한 일'과 '중요하지도 긴급하지도 않은 일'에 드는 시간을 줄여 '중요하지만 긴급하지 않은 일'에 시간을 투자해보자. 자녀에게 시간관리의 모범을 보일 수 있을 뿐만 아니라 5년, 10년 후의 인생을 재설계하는 충분한 시간까지 얻게 될 것이다.

시간관리 잘하는
자녀로 키우는
10가지 노하우

생활관리가 시간관리의 시작이다

아이가 학교에 다녀와서 스스로 숙제를 하고, 알아서 공부를 한다면 부모 노릇 하기가 참 쉬울 것이다. 하지만 현실은 그리 녹록지 않다. 늘 공부만 하라는 것도 아니고, 지금 해야 할 공부만 빨리 해놓고 놀라는데도 아이들은 말을 듣지 않는다. 많은 아이들이 학교에서 돌아오면 컴퓨터나 텔레비전 앞에 눌러앉기 일쑤다. 차라리 또래 친구들과 어울리기라도 하면 좋을 텐데 그보다도 컴퓨터나 텔레비전을 더 좋아한다. 숙제를 하거나 학원에 가는 것도 매번 엄마의 잔소리를 들은 후에야 마지못해 행동에 옮긴다. 상황이 이렇다 보니 잔소리를 할 수밖에 없어서 잔소리를 한다는 부모들이 많다.

"제가 잔소리를 하지 않으면 우리 집은 돌아가지를 않아요."

"따라다니며 공부하라고 말하는 것도 이젠 지쳐요. 고학년이 돼서도 저러면 어쩌죠?"

"공부 스트레스를 주면 안 될 것 같기는 한데, 그래도 불안한 마음에 잔소리를 안 할 수가 없어요. 마음이 하루에도 열두 번씩은 바뀌는 것 같아요."

다시 한번 말하지만 초등학교 시절은 공부하는 시기가 아니라 공부의 초석을 다지는 시기이다. 따라서 이때 올바른 생활습관만 잡아줘도 자기주도학습의 절반을 이루는 셈이다.

매일 일정한 시간에 일어나 여유롭게 학교로 출발하는 아이와 매일 늦잠을 자서 밥도 먹는 둥 마는 둥 하고 학교로 달려가는 아이 중에 누가 공부를 더 잘하겠는가? 텔레비전을 틀면 엄마가 소리를 지를 때까지 그 앞을 떠나지 못하는 아이와 자신이 볼 것만 보고 전원을 끌 줄 아는 아이 중에 누가 더 자기주도학습을 잘하겠는가? 시험 때만 되면 벼락치기로 공부하는 아이와 매일 한 시간씩 꾸준히 공부하는 아이 중에서 중고등학교 때의 성적은 누가 더 좋겠는가?

당장은 두 아이의 실력에 큰 차이가 없을 수도 있다. 매일 늦잠을 자서 밥도 먹는 둥 마는 둥 하고 학교로 달려가는 아이는 학원 숙제와 학교 숙제를 하느라 늦게 잠들어 그럴 수도 있고, 초등학교 시험은 벼락치기 공부만으로도 좋은 성적을 낼 수 있기 때문이다. 하지만 마라톤과도 같은 긴 공부 레이스를 놓고 보면 이처럼 흐트러진 생활습관은 아이의 공부력을 갉아먹는 주범이다.

'공부습관'이라는 말에서 알 수 있듯이 공부 또한 생활습관 가운데 하나이다. 매일 아침 7시면 일어나는 사람이 그 전날 늦게 잠들어도 아침 7시면 눈이 떠지는 이유는 일찍 일어나는 습관이 잡혀 있기 때문이다. 학교에서 오자마자 항상 숙제부터 하는 아이는 웬만한 유혹에는 흔들리지 않는다. 즐겁지 않은 공부를 매일 꾸준히 할 수 있는 것이 습관의 힘이다. 생활습관이 바르게 잡히면 공부습관도 제대로 잡힌다는 것을 기억하자.

'하고 싶은 일'과 '해야 할 일'을 구분하게 하라

미국 스탠퍼드대학의 월터 미셸Walter Mishel 박사가 네 살짜리 아이들을 대상으로 진행한 마시멜로 실험은 '만족지연능력'의 중요성에 대해 알려주는 실험으로 유명하다. 미셸 박사는 아이들에게 달콤한 마시멜로를 나눠주면서 선생님이 잠깐 나갔다 올 동안 마시멜로를 먹지 않고 참으면 상으로 마시멜로를 하나 더 주겠다고 제안했다. 실험결과 3분의 1가량의 아이들이 마시멜로의 유혹을 이겨냈다. 나중에 이 아이들을 추적 조사한 결과, 성적은 물론이고 문제해결능력, 계획성 등에서 뛰어난 결과를 보였다.

그렇다면 마시멜로의 유혹을 이겨낸 아이들이 그렇지 않은 아이들보다 학습력이나 문제해결능력, 계획성 등에서 더 뛰어난 결과를 얻은 이유는 무엇일까? 그것은 '하고 싶은 일'과 '해야 할 일'을 구분하고, 자신의 욕구를 억누를 줄 아는 '만족지연능력'을 갖추고 있느냐, 아니냐의 차이에 있다.

시간관리에 있어서도 이처럼 '하고 싶은 일'보다 '해야 할 일'을 먼저 할 줄 아는 자제력과 만족지연능력이 반드시 필요하다. 뿐만 아니라 역으로 시간관리를 하게 되면 '하고 싶은 일'과 '해야 할 일'을 구분할 줄 알게 되고, 만족을 지연시키는 능력도 함께 커진다.

예전에 텔레비전이 있을 때 우리 집 아이는 꼭 보고 싶은 프로그램 하나를 보기로 되어 있었는데, 어느 날 친구들에게 재미있는 프로그램 얘기를 듣고 온 모양이었다. 그래서 밤 10시에 보던 드라마 대신에 오후 4시경에 하는 청소년 대상의 시트콤을 보고 싶다고 하였다. 어차피 10시 드라마를 보지 않겠다고 딸이 먼저 제안을 해왔기 때문에 나는 흔쾌히 그러라고 했다.

그러자 아이는 매일 하던 수학문제 풀이를 바로 하기 시작했다. 평소 1시간 정도 걸리던 문제집 풀이를 40여 분 만에 끝내더니 "엄마, 내가 텔레비전 보는 동안 채점해 줘. 텔레비전 다 보고 나면 오답 다시 풀게"라고 말했다. 아이는 다음날과 그 다음날에도 시트콤을 보기 위해 자신이 해야 할 일을 서둘러 마치려고 노력했고, 문제가 어려워 미처 다 풀지 못한 경우에는 프로그램 시청을 5분에서 10분 정도 미루곤 했다. 아이에게는 '해야 할 일'을 먼저 하도록 가르친 결과가 스스로 만족을 지연시키는 능력까지 키워준 것이다.

컴퓨터게임을 하는 일은 '하고 싶은 일'이고, 학교 숙제는 '해야 할 일'이다. 이때 '하고 싶은 일'의 유혹을 이겨내고 '해야 할 일'을 먼저 하는 아이가 학습력에서 우수할 수밖에 없다. 만족지연능력이 있는 아이들은 하고 싶은 일을 먼저 하려는 욕구를 참고 '해야 할 일'을 먼저 마치려고 노력한다.

그렇다면 어떻게 해야 내 아이의 만족지연능력을 키워줄 수 있을까?

우선 '해야 할 일'과 '하고 싶은 일'을 구분하고, '해야 할 일'을 먼저한 후에 '하고 싶은 일'을 하도록 이끌어주어야 한다. 놀더라도 정해진 시간에는 반드시 공부를 하고, 그 후에 노는 훈련을 시키는 것이다.

몇몇 예외적인 아이들이 있기는 하지만, 대부분의 아이들에게 공부는 즐겁지 않은 일이다. 다만 그것을 참고 '해야 할 일'을 먼저 하는 아이와 '하고 싶은 일'을 먼저 하는 아이의 차이가 있을 뿐이다.

사람은 누구나 '하고 싶은 일'만 하며 살 수는 없다. 오히려 하기 싫지만 '해야 할 일'이 더 많고, '해야 할 일'을 했을 때 '하고 싶은 일'을 할 수 있는 기회가 더 주어지는 것이 현실이다.

공부를 잘하기 위해서는 대가를 치르는 훈련이 필요하다. 그 훈련이 바로 어린 시절부터 가르쳐야 할 시간관리 습관이다.

시간관리 습관 들이기, 충분한 시간이 필요하다

초등학교 1학년 자녀를 둔 한 엄마가 딸에게 자기주도학습 습관을 들인 비결을 물어오길래 계획표 짜기에 대해서 자세히 설명해준 적이 있다. 그리고 며칠 뒤에 만났더니, 포기해야 할 것 같다며 한숨을 내쉬었다.

"아이에게 하루에 해야 할 일을 쭉 적어주었더니, 이걸 언제 다 하냐며 신경질을 내더라고요. 이런 경우에는 어떻게 해야 해요?"

"하루에 해야 할 일이 몇 가지나 되는데요?"

"예습, 복습, 연산 문제집 풀기, 수학문제집 풀기, 영어 듣기, 읽기, 영어일기 쓰기, 한자 공부……. 리스트를 써봤더니 대충 12가지쯤 되더라고요."

많은 부모들이 계획표를 짠다고 하면 아이에게 숨 쉴 틈을 주지 않는 계획표를 생각한다. 공부에 박차를 가해야 하고 또 그것을 견뎌낼 수 있는 고등학교 시절이라면 모르지만, 초등학교 때는 시간관리 습관을 들이는 것에 초점을 둬야 한다.

시간관리의 중요성에 대해 이야기를 하면 많은 엄마들이 '공부'에 포인트를 두고 욕심을 낸다. 얼렁뚱땅 보내는 시간을 줄이고, 그 시간에 더 많은 공부를 시킬 수 있을 거라는 환상에 빠지는 엄마들도 있다. 하지만 시간관리를 처음 시작할 때는 공부의 양은 중요하지 않다.

저학년 때 우리 집 아이의 계획표에 적힌 것은 달랑 세 가지였다. '숙제하기, 수학문제 3장 풀기, 책 읽기'가 바로 그것이다. 나는 아이의 계획표의 핵심을 더 많이 공부하는 데 두지 않았다. 계획을 세우는 행동과 계획의 실천, 확인에만 중점을 두고 과욕을 부리지 않았다.

아이와 함께 시간관리를 시작한다고 해서 공부에 더 많은 욕심을 내서는 안 된다. 오히려 하루에 모든 계획을 실천할 수 있도록 공부량을 조절해줘서 계획했던 일을 모두 끝냈다는 성취감을 맛보게 하는 것이 더 중요하다. 성취감을 맛본 아이들은 계획표 작성에 재미를 들여서 자기주도학습을 좀 더 쉽게 몸에 익히게 되기 때문이다.

그리고 습관은 하루아침에 잡히지 않는다는 것을 유념하자. 자녀의 학습과 관련해 부모들끼리 정보를 주고받자는 취지에서 만들어진 인터넷 카페들이 많다. 요즘 이들 카페의 주요 주제 가운데 하나가 자기주도학습 습관 들이기다. 자기주도학습을 잘 실천하고 있다는 글이 하나 올라오면 '도대체 습관을 어떻게 들이신 건가요?'라는 댓글이 줄을 잇는다.

나도 학습 관련 카페에 딸의 사례를 소개한 적이 있는데, 글을 올리자마자 이 같은 댓글이나 쪽지가 계속해서 날아왔다. 나는 답변을 내놓기가 난감했다. 계획표를 작성하는 방법이야 열 번이고 백 번이고 알려줄 수 있지만, 계획표 작성을 통한 시간관리가 습관이 되기까지는 수많은 시행착오와 갈등, 그리고 시간이 필요한데 그것들을 설명해주기가 여간 어려운 게 아니었다.

자기주도학습이나 시간관리 습관은 "준비~ 시작!" 하면 바로 잡히는 습관이 아니다. 시간관리 습관을 들이는 일은 습관이 될 때까지 관찰하고 확인하고 설득하기까지 상당한 인내심이 필요하다. 또 상황에 따라 여러 가지 시행착오를 겪으며 오랜 시간의 투자를 통해 만들어지는 습관이기도 하다. 따라서 시간관리 습관을 들이기 위해서는 시행착오를 겪을 각오를 해야 한다. 또, A라는 학생에게 잘 맞는 방법이 B라는 학생에게는 통하지 않을 수도 있다. 그럼에도 많은 부모들은 무슨 특효약이나 되는 것처럼, 계획표 작성을 시작하게 되면 아이들의 시간관리 습관이 저절로 형성될 것이라 믿는다.

시간관리 습관을 들일 때는 방법도 방법이지만 '시간'이 중요하다. 자녀의 시간관리 습관을 들이는 데는 최소 6개월, 길게는 1년, 아니 그 이상의 기간을 잡아야 한다.

처음에 내가 일주일 단위의 계획표를 만들어주었을 때는 그런대로 습관이 빨리 잡혔다. 하지만 아이가 초등학교 3학년이 되어 스스로 일일계획표를 작성하도록 했을 때는 습관이 잡히기까지 훨씬 더 오랜 시간이 필요했다.

'예전에 하던 대로 하면 안 돼?'

'매일매일 똑같은데 왜 계획표를 적어야 해?'

이런 반발에 부딪친 건 한두 번이 아니었고, 며칠만 확인하지 않으면 플래너가 깨끗한 백지이기 일쑤였다.

많은 부모들이 계획표 작성 문제를 두고 자녀와 실랑이를 벌이다 '이렇게까지 해야 하나?' 하는 생각에 포기하는 경우가 많다. 시간관리 습관을 들이기의 핵심은 '꾸준히'라는 것을 잊지 말자. 강압이 아닌 대화로 꾸준히 이끌다 보면 결국 자녀의 긴긴 공부 인생에 가장 큰 버팀목이 될 시간관리 습관이 자리 잡게 될 것이다.

시간의 '양'보다 '집중력'에 초점을 맞춰라

매일 노는 것 같은데도 공부를 잘하는 아이와 하루 종일 책상 앞에 앉아 있는데도 성적이 잘 나오지 않는 아이의 차이는 무엇일까?

그 차이는 바로 집중력이다. 공부의 성패는 책상에 앉아 있는 시간이 아니라, 얼마나 집중력을 발휘하느냐에 달려 있다.

"애가 너무 산만해요. 공부방에 앉아서는 거실에서 하는 대화에까지 다 참견해요. 책상에 앉아서도 진득하게 책을 못 보고 이 책 꺼냈다 저 책 꺼냈다 정신이 하나도 없어요."

이처럼 집중력과는 담을 쌓은 것 같은 아이들도 컴퓨터게임을 할 때는 누가 불러도 모를 정도의 집중력을 발휘한다. 그런 모습을 보며 엄마들은 또 이렇게 말한다.

"컴퓨터게임 할 때 보면 집중력이 없는 것 같진 않은데, 왜 공부할 때만 산만해지는 걸까요?"

그러나 하고 싶은 일을 할 때의 집중력은 집중력이 아니다. 하기 싫지만 '해야 할 일'을 할 때 집중할 수 있는 게 진정한 집중력이다.

그렇다면 이런 아이들의 집중력을 높여주기 위해서는 어떻게 해야 할까? 이런 경우에는 시간이 아니라 과제를 중심으로 시간관리를 해보자. '1시간 동안 꼼짝 말고 공부해!'가 아니라 '수학 3장 풀기'식으로 과제를 주는 것이다. 1시간을 예상하고 시켰던 수학 3장 풀기를 30분 만에 끝냈다면 나머지 30분은 아이의 의지대로 마음껏 쓸 수 있게 해야 한다. '7시부터 10시까지는 공부만 해'가 아니라 '7시부터 공부를 시작하자. 대신에 해야 할 일을 일찍 끝내면 그때부터는 자유시간이야'라고 하는 것이다.

이때 주의할 점은 자유시간의 확실한 보장이다. 많은 엄마들이 자녀가 빈둥거리는 모습을 못 견뎌하는 경향이 있다. 그래서 할 일을 빨리 끝내면 또 다른 공부거리를 주거나, 스스로 찾아서 공부하지 않는다고 화를 낸다.

'모레 영어학원에서 단어 테스트 있잖아? 그거 미리 공부해 놔.'

'숙제 다 끝났으면 책이라도 좀 읽을 일이지 또 놀고 있어?'

빨리 끝내면 끝낼수록 해야 할 것이 늘어나는 상황이라면 아이 입장에서는 '시간 때우기'식 공부를 할 수밖에 없다. 빨리 끝낼 이유가 없으니 숙제를 하는 짬짬이 학교에서 있었던 일을 생각하고, 수학문제를 풀다가도 엄마가 안 보이면 만화책을 꺼내들게 되는 것이다.

공부시간은 양보다 질이다. 1시간 공부할 걸 40분 만에 끝내면 보상이 있다고 치자. 그 보상이 아이에게 꽤나 달콤한 것이라면 집중하지 않을 이유가 없다.

집중해서 공부하고, 대신 그 나머지 시간은 아이가 하고 싶은 일을 하도록 배려해주는 것이 훗날을 생각해봤을 때도 더 유리하다. 책상 앞에서의 시간을 어영부영 보내는 것이 습관이 돼버리면 정작 공부해야 할 중고등학교 때도 그 습관을 고칠 수가 없기 때문이다.

잘 노는 아이일수록 공부도 잘한다는 말이 있다. 공부할 때는 공부에 집중하고, 놀 때는 노는 것에 집중할 수 있도록 이끌어라. 집중력이 효과적으로 훈련된 아이의 한 시간은 어영부영 시간을 보내는 아이의 서너 시간과 맞먹는다. 장기적으로 봤을 때 이것이 공부 잘하는 아이로 만드는 비결이기도 하다. 공부 욕심이 있는 아이라면 학년이 올라갈수록 공부시간을 점점 더 늘려갈 것이다. 이때 이미 집중력이 길러져 있다면 집중력이 높지 않은 다른 아이들과 똑같은 시간을 공부해도 성과는 더 높을 수밖에 없다.

딸아이는 학년이 올라가면서 하루 동안 공부에 투자해야 하는 시간을 조금씩 늘려갔는데 늘어나는 공부시간을 큰 어려움 없이 받아들였다. 하루에 30분 정도씩 집중해서 수학공부를 하던 초등학교 저학년 때의 습관이 시험공부라는 적당한 스트레스를 통해 강화되었고, 학년이 올라가면서 공부량이 많아지는 것을 스스로 깨달았기 때문이다. 저학년의 교과서보다 고학년의 교과서가 더 두꺼워지고 어려워지는 이유는 아이들의 능력과 두뇌가 그것을 받아들일 수 있을 만

큰 성장하기 때문이다. 집중력도 마찬가지다. 초등학교 저학년 때 집중할 수 있는 시간이 최대 10분이었다면 고학년이 되면 30분, 1시간으로 서서히 늘어나는 것이다.

집중력을 타고나는 경우도 있겠지만, 대부분의 경우는 훈련을 통해 길러진다. 이때 부모가 해줘야 할 일은 '공부하라'는 잔소리가 아니라 '공부할 때는 집중해서 하고, 놀 때는 확실히 놀 수 있도록' 환경을 조성해주는 것이다.

처음에는 1시간 이내에 끝낼 수 있는 과제를 주어라

어떤 아이건 처음부터 "난 지금부터 꼼짝 않고 공부할 거야"라고 말하고 바로 집중력을 발휘하는 아이는 없다. 집중력이 떨어져서가 아니라 습관이 되어 있지 않기 때문이다.

아이가 초등학교 저학년이든, 고학년이든 처음 자기주도학습을 시작할 때는 1시간 이내에 끝낼 수 있는 과제를 주어야 한다. 공부란 어쩌다 시험 때나 하는 것이 아니라 매일 하는 것이라는 생각을 심어주기 위해서다.

딸이 초등학교 1학년일 때 나도 이 전략을 썼다. 30분이면 끝날 분량이지만 아이에게는 이렇게 말했다.

"음…… 수학공부를 다 끝내려면 1시간쯤 걸리겠지? 이것만 다 끝내면 나가서 놀아도 좋아. 빨리 끝낼수록 더 오래 놀 수 있겠지?"

그러면 아이는 예상대로, 30분이면 수학문제집 풀이를 뚝딱 끝냈는데, 틀린 문제는 다시 풀어야 한다는 약속이 있었기 때문에, 더 집중력을 발휘해 문제를 풀었다. 아이가 문제를 푸는 동안 관심 없는 척 옆에 앉아 책을 읽던 나는 아이가 과제를 끝내자마자 폭포수 같은 칭찬을 안겨주었다.

"와! 1시간쯤 걸릴 줄 알았는데, 30분 만에 끝냈네. 우리 딸은 집중력이 좋구나. 얼른 나가서 놀다 와."

신나게 현관문을 나서는 아이를 꼭 껴안아주며 "우리 딸은 자기 할 일을 다 끝내고 나가 노는 멋쟁이 어린이네!"라고 칭찬 한마디를 더 안겨주면 아이는 성취감과 행복감으로 가슴 벅차 했다. 이렇게 몇 번을 반복하자, 내가 "수학문제집 풀자"라는 말을 하지 않아도 스스로 문제집을 꺼내 들었다. "엄마, 오늘도 이거 빨리 해놓고, 나가 놀 거야"라면서 말이다.

여기서 강조하고 싶은 것은 고학년일수록 자기주도학습을 처음 시도할 때는 목표치를 낮게 잡아야 한다는 것이다.

"다른 애들은 수학 경시다, 영어 말하기 대회다 훨훨 날아다니는데, 하루에 1시간 공부해서 언제 걔들을 따라잡겠어요?"

이렇게 말하는 엄마들도 있다. 하지만 어쩌랴. 공부습관이 잡히지 않고서는 수학 경시에서의 1등, 영어 말하기 대회에서의 1등이 아무 소용이 없는데……. 초등학교 때 날고 기던 아이들 중에 중고등학교에 가서 맥을 못 추는 아이들이 있는데 그것은 잘못된 공부습관 때문일 가능성이 높다.

부모 입장에서는 1시간이라는 공부 분량이 성에 차지 않겠지만, 그럴수록 기다려야 한다. 하루 1시간 정도의 공부가 완전히 습관이 든 후에, 조금씩 그 양을 늘려가도 절대 늦지 않다.

초등 저학년, '매일'에 핵심을 두어라

초등학교 저학년 시기는 자녀에 대한 부모의 기대와 욕심이 그 어느 때보다 높다. 그러다 보니 어떤 자녀든 부모의 눈에는 영재나 천재로 보이고, 이때 뒤처지면 평생을 뒤처질 것 같다며 학원이며 학습지, 문제집을 닥치는 대로 강요한다.

"영어유치원을 다녔는데, 그때 실력 유지하려면 영어학원은 기본이고요. 이때 아니면 예체능 학원을 다닐 시간이 없다고 하니까 미술, 피아노, 바이올린, 태권도를 보내야 하고요. 고학년 때 교육청 영재원 보내려면 수학 선행학습도 시켜야 해요. 거기다 학교 공부를 놓칠 순 없으니까, 학습지는 매일매일 시킬 수밖에 없어요."

초등학교 1학년인 아이를 밤 12시에 재운다고 하기에 무엇을 얼마나 많이 시키는지를 물었더니 돌아온 대답이다. 게다가 일주일에 3일은 밤 9시쯤 되어야 아이가 집에 돌아온단다.

초등학교 저학년 때 성적은 부모 성적이라는 말이 있는데, 이 말은 어느 정도 사실이다. 부모가 얼마나 봐주느냐에 따라 성적이 좌우되는 시기이기 때문이다. 하지만 이 실력이 고학년까지 이어지리라고 생각하는 것은 착각이다. 부모가 아이의 공부를 봐줄 수 있는 시기는 길어야 중학년까지다. 어릴 때는 하고 싶든 하기 싫든 부모가 하라는 대로 학원에 가고 학습지와 문제집을 푼다. 하지만 사춘기에 접어드는 고학년이 되면 아이 공부는 부모의 손을 떠나게 된다. 아이 스스로 하지 않으면 부모가 도와줄 방법이 없어지는 것이다.

개인적으로 나는 초등학교 저학년 아이에게 하루 서너 시간씩 공부를 하라는 것은 폭력에 가깝다고 생각한다. 저학년 때는 공부의 양이 아니라 '공부란 매일 매일 해야 하는 것'이라는 생각을 갖게 하는 데 핵심을 둬야 한다.

중고등학교 학부모들에게 '머리는 좋은데 성실하지 않은 아이가 공부를 잘하는지, 아니면 머리는 그다지 좋지 않지만 성실하게 최선을 다하는 아이가 공부를 잘하는지'를 물어보라. 열에 아홉은 후자라고 대답할 것이다. 고등학생 자녀를 둔 엄마들은 하나같이 공부는 머리 힘이 아니라 엉덩이 힘으로 하는 것이라고 말한다.

중고등학교에 가서 엉덩이 힘으로 공부하도록 만들고 싶다면 성실함을 가르쳐야 한다. 배우는 양이 그리 많지 않은 초등학교 때는 '머리'가 통할지 몰라도 학습량이 크게 늘어나는 중고등학교에 가면 성실함이 머리를 이길 수밖에 없다. 그리고 그 성실함은 타고나는 것이 아니라 습관이 누적되어 만들어진다.

짧으면 10분, 길어도 1시간 정도씩만 매일 공부해도 그것이 쌓이고 쌓이면 선순환의 좋은 습관이 된다. 그 습관을 고학년 때까지 이어가면 특별한 훈련 없이도 아이 스스로 공부시간을 늘려가게 된다. 매일매일이 중요하다. 하루는 5시간 공부하고, 며칠간은 아무것도 하지 않는 날을 반복하는 것보다 매일매일 30분씩 공부하는 습관이 훨씬 낫다.

초등 고학년, '최선'에 핵심을 두어라

엄마들과 이야기를 하다 보면 "이번에 우리 아이는 공부를 하나도 안 하고 팽팽 놀기만 했어"라는 말을 마치 자랑처럼 얘기하는 사람들이 있다. 말의 뉘앙스를 보면, 정말 공부를 하지 않아서라기보다는 일종의 예방주사 같은 느낌이다. 이렇게 말하는 엄마들일수록 다른 사람들이 자신과 자신의 자녀를 어떻게 평가할까에 관심이 높은데, 자녀가 시험을 못 치면 "그것 봐. 우리 아이는 하나도 공부를 안 했다니까"라고 말하고, 자녀가 시험을 잘 치르면 "우리 아이는 머리가 좋은가 봐"라고 말한다. 이렇게 말하는 엄마들 중에는 시험에서 틀린 개수 한두 개에 목숨을 거는 사람이 많다. 또한 그런 엄마들일수록 성실과 최선 대신 요행을 가르칠 가능성이 더 높다.

특히, 이렇게 말하는 엄마의 자녀가 초등학교 고학년이라면 문제가 조금 크다. 초등학교 고학년은 시험성적과 상관없이 요행보다는 '최선'과 '성실'의 가치를 가르쳐야 하는 시기이기 때문이다. 이때를 놓치면 최선과 성실의 가치를 가르치기가 점점 더 어려워진다.

딸이 4학년이 되었을 때 나는 처음으로 시험공부 하는 방법을 가르쳤다. 그리고 성적과 관계없이 최선을 다한다는 것이 얼마나 중요한지도 일러주었다.

"시험을 잘 치든 못 치든 그건 중요하지 않아. 그걸로 엄마가 화를 내는 일은 없을 거야. 하지만 네가 최선을 다하지 않는다면 그때는 엄마가 화를 낼 수도 있어. 왜냐하면 자신에게 맡겨진 일에는 항상 최선을 다해야 하기 때문이야."

그리고 실제로 시험성적 때문에 화를 낸 적은 없다. 최선을 다하지 않는 것 같은 날도 많았지만 나는 아이 스스로 최선을 다하고 있다고 생각하는 눈치면 무조건 칭찬을 해주었다. "우리 딸, 노력하는 모습이 참 보기 좋네"라고 토닥여주면 아이는 실제로 더 노력하는 자세를 보여주었다.

　초등학교 때 중요한 것은 성적이 아니라 얼마나 '최선을 다하는가'이다. 최선을 다하는 것 역시 공부습관의 하나인데, 초등학교 때 최선을 다하는 습관을 들이지 않으면 중고등학교에 가서는 여간 어려운 게 아니다. 중고등학교에 올라가면 아이들은 당근과 채찍만으로는 절대로 공부하지 않는다. 공부와 습관에 대한 자녀 스스로의 내적 동기만이 아이를 공부하게 할 뿐이다.

계획표를 짜기 전에 내 아이부터 파악하라

'너 자신을 알라.'

　소크라테스의 대표적인 말로 알려져 있지만, 원래는 고대 그리스 델포이의 아폴론 신전 현관 기둥에 새겨져 있었던 말이다. 계획표를 짤 때도 이 말은 유용하다. 다만, 지금 작성하려고 하는 계획표가 내 아이의 계획표라는 점에서 '내 아이를 알아야 한다'는 것이 다를 뿐이다.

❶ 아이의 학습력과 실력을 객관적으로 판단하라

　내 아이를 객관적으로 판단한다는 것은 부모 입장에서는 여간 어려운 일이 아니다. 아이에 대한 기대와 욕심이 판단을 흐리기 때문이다. 현재 내 아이의 실력이 50점이라 하더라도 그것을 인정하고 싶지 않은 것이 부모 마음이다.

하지만 항아리의 물을 넘치게 하기 위해서는 우선 항아리를 가득 채워야 한다. 현재 내 아이의 실력이 50이라면 나머지 50을 채우지 않고서는 절대로 100의 실력이 나올 수 없다는 이야기다. 교과서 문제도 제대로 풀지 못하는 아이에게 심화 수준의 문제집을 들이밀어 봐야 아무 소용이 없다.

그렇다고 내 아이는 '50점밖에 안 되는 아이야'라고 실망할 것은 없다. 아이는 부모의 기대와 믿음을 먹고 자란다. 현재는 50점이라도 언젠가는 100점이 될 것이라는 믿음으로 아이가 계획표를 작성하고 실천할 수 있도록 뒷받침해주는 게 부모가 할 일이다.

❷ 한 번에 공부할 수 있는 학습량을 파악하라

집중력은 나이에 비례한다는 말이 있다. 다섯 살짜리 아이가 집중할 수 있는 시간은 5분이고, 10살짜리 아이가 집중할 수 있는 시간은 10분이라는 이야기인데, 이 정도까지는 아니더라도 초등학교 저학년 아이들이 일반적으로 집중할 수 있는 시간은 15분에서 20분 정도에 불과하다. 과제를 수행해서 집중할 수 있는 데까지 걸리는 시간과 마무리 시간을 생각하더라도 최대 30분을 넘지 말아야 한다는 말이다.

이 30분 동안 자녀가 할 수 있는 학습량을 파악해보자. 부모 입장에서는 기껏해야 더하기, 빼기, 곱하기, 나누기밖에 없는 초등학생의 수학문제집이 쉬워 보일 수 있다. 한 자리에 앉아서 10장이 아니라 20장이라도 거뜬히 해낼 수 있을 것 같다. 커다란 글씨로 쓰여 있는 얇은 국어책 전부를 읽으라 해도 후다닥 읽을 수 있을 것 같다. 하지만 아이의 눈높이에서 보면 그것은 불가능한 일에 가깝다.

아이에게 맞는 학습량은 부모의 눈높이가 아닌 아이의 능력을 기준으로 파악해야 한다. 30분 동안 자녀가 풀 수 있는 수학문제집의 양이 2장이라면 욕심을 버리고 2장을 풀도록 지도하는 것이 현명하다. 자녀가 할 수 있는 분량은 2장인데 욕심에 못 이겨 4장을 시키게 되면 시간관리 습관은 요원해지고 만다. 무슨 일이든 부담으로 와 닿으면 누구나 하지 않을 핑계거리를 찾기 마련이다.

❸ 학습에 필요한 시간을 예상하라

학습에 필요한 시간을 예상하는 것은 집중할 수 있는 시간에 맞춰 과제를 주는 것과 조금 다르다. 부모는 30분쯤 걸릴 거라고 예상했지만, 아이는 1시간이 걸릴 수 있고, 반대로 1시간쯤 걸릴 거라고 예상했는데 30분 만에 끝낼 수도 있다. 시간을 예상해보고 그에 맞지 않으면 과제의 양을 조절해줄 필요가 있기 때문에 자녀의 능력과는 별개로 부모는 학습에 필요한 시간을 예상해둬야 한다.

흔히 계획을 세울 때 중고등학생이나 성인은 자신이 할 수 있는 능력의 120퍼센트를 목표로 잡으라고 한다. 하지만 초등학생이라면 아이가 할 수 있는 양의 80퍼센트 정도를 목표로 잡는 게 좋다. 그래야만 성취감을 높일 수 있고, 자신의 계획을 100퍼센트 실천하는 성공습관을 가질 수 있기 때문이다. 학습에 필요한 시간을 예상하고 결과에 따라 조정하는 과정을 통해 성공습관을 길러주도록 하자.

❹ '사이시간'을 두어라

하루 공부시간을 2시간으로 계획했다고 해서 2시간 동안 온전히 책상 앞에 앉아 있을 수는 없다. 학교 수업시간과 마찬가지로 40분 공부하고 10분 쉬거나 50분 공부하고 10분 쉬는 등의 사이시간을 두어야 한다.

나는 이 시간을 기준으로 아이가 과제를 수행할 수 있도록 조절해주었는데, 예를 들어 수학문제집을 풀 때 40분 동안에 풀 수 있는 적당한 분량을 찾아 40분 안에 문제풀이를 끝낼 수 있도록 했다. 그래서 나머지 10분은 딸이 원하는 것을 할 수 있도록 했다. 딸은 이 시간에 컴퓨터를 하거나 음악을 듣거나 책을 읽었다. 춤을 좋아했던 아이는 한바탕 춤을 추며 스트레스를 풀기도 했다.

사이시간 10분은 5분도 책상에 앉아 있지 못하고 '물 마시고 싶다', '화장실 가고 싶다'는 갖은 핑계로 엉덩이를 들썩이는 아이의 버릇을 고쳐주는 데도 좋다. 일단 당장의 욕구를 해결하게 해준 후에 "다음부터는 10분 쉬는 시간에 가면 어떨까?"라고 유도하는 것이다.

목표를 세워야 세부계획을 제대로 짤 수 있다

많은 사람들이 사교육의 광풍에 떠밀리는 이유는 목표가 없기 때문이다. 이 사람이 이렇게 말하면 그 말이 맞는 것 같고, 저 사람이 저렇게 말하면 또 그 말이 맞는 듯하다. 엄마들과 얘기해보면 온통 '필수'투성이다.

"영어 울렁증을 없애려면 어릴 때부터 영어 사교육은 필수예요."

"초등학교 때부터 수학을 선행하지 않으면 나중에 너무 힘들어 한대요."

"초등학교 때 예체능을 해놓지 않으면 중고등학교 가서는 할 시간이 없대요."

"요즘 학습지 한두 개쯤 안 하는 애가 어디 있어요?"

그 필수라는 것들을 다 하다 보면 하루가 48시간이라도 모자랄 지경이다. 부모가 자녀교육에 대한 목표를 제대로 가지고 있지 않으면 '필수'에 따라가지 않을 재간이 없다. 내 아이만 처지는 것 같은 불안감 때문이다.

하지만 정말로 이 모든 것이 중요한지를 돌아볼 필요가 있다. 물론 내 아이의 하루가 48시간이어서 이 모든 것을 할 수 있다거나, 0.1퍼센트에 속하는 천재여서 10분만 공부해도 다른 아이의 1시간을 공부하는 것과 같은 효과를 본다면 이야기가 달라질 것이다. 그러나 하루는 누구에게나 24시간이고, 1시간 공부해서 1시간의 효과라도 제대로 낸다면 다행인 '보통 아이들'이 대부분이다. 내 아이라고 결코 예외일 리 없다. 그래서 필요한 것은 영어니 수학이니 예체능이니 하는 세부적인 과목이 아니라, 어떤 공부든 자신의 것으로 만들어낼 수 있는 자기만의 힘을 키우는 것이다.

나는 아이의 초등학교 6년간의 목표를 '자기주도학습 습관 세우기'로 잡았다.

그리고 학년 단위로 무엇을 실천할지를 정했다.

딸이 초등학교 1학년이었을 때 내가 정한 목표는 '첫째 공부는 매일 하는 것이라는 생각을 심어주자. 둘째, 책(영어동화책 포함)을 1,000권 읽히자'였다. 이 목표를 중심으로 세부계획을 다시 잡아 나갔다. 그래서 실천한 것이 하루에 수학 문제집 3장 풀기와 영어동화책을 포함해 하루에 책 2권 이상 읽기였다. 초등학교 1학년이 푸는 수학문제집 3장은 30분이면 끝낼 수 있는 분량이다. 게다가 책 읽기도 주중엔 2권 정도 읽고, 주말이나 방학을 이용해 아이가 읽고 싶은 만큼 그림책을 읽었기 때문에 실천에 무리가 없었다. 그 외의 시간은 아이에게 완전한 자유시간이었다. 학원에도 보내지 않았다. 시골에서 초등학교 1, 2학년을 보낸 딸은 마냥 자연 속을 뛰어다니며 놀았고, 흩날리는 벚꽃과 들풀 사이를 누비며 자랐다.

딸이 본격적으로 시험준비를 위해 공부를 시작한 건 초등학교 4학년 때였다. 이때는 공부할 분량이 초등 1, 2학년 때와 비교도 되지 않을 만큼 늘어나 있었지만, 딸은 큰 무리 없이 그 과정을 받아들였다. 매일 공부하는 습관이 잡혀 있었기 때문이다.

이처럼 목표에 맞춰 해야 할 일을 정할 때 주의할 점은 엄마의 기준이 아니라 아이의 기준에 맞춰야 한다는 것이다.

"이제 겨우 초등학교 2학년인데, 제 마음은 이미 수험생을 둔 학부모니 어쩌면 좋아요? 우리 애에게 시켜야 할 것들을 적어봤더니 10가지가 넘더라고요. 이건 무리지 않나 싶으면서도 막상 하라는 대로 못 따라오는 애를 보면 화가 나요."

한 젊은 엄마가 내게 했던 하소연이다.

많은 부모들이 아이의 능력을 고려하지 않은 채 자기 욕심을 앞세운다. 그러다 보니 아이는 아이대로 힘들고 부모는 부모대로 지친다.

눈높이 교육은 자녀교육에 있어서 부모가 반드시 실천해야 할 교육법이다. 엄마는 열 발자국쯤 앞서서 끌어당기고, 아이는 몸을 뒤로 한껏 젖힌 채 끌려가지 않겠다고 버티는 상황을 생각해보라. 그야말로 실속 없는 소모전이다.

현재 내 아이가 가진 능력을 객관적으로 판단하자. 그렇다고 해서 아이의 능력을 과소평가해서 거기에 머무르라는 이야기가 아니다. 아이가 할 수 있는 만큼, 아이가 즐기며 공부할 수 있는 만큼만 실천해도 된다는 말이다.

머릿속으로는 아이보다 너무 앞서가지 말아야지, 반 발자국만 앞서 가야지 하면서도 막상 뛰어나게 잘하는 아이를 보면 자꾸 내 아이와 비교하게 되고, 마음이 조급해질 때가 있다.

이럴 때는 토끼와 거북이의 달리기 경주를 생각하자. 토끼가 아무리 달리기를 잘한다 해도 끝까지 최선을 다하지 않으면 거북이에게 질 수밖에 없다. 초등학교 저학년 시기는 아이에게 달리기를 강요해야 할 시기가 아니라 거북이처럼 우직하고 성실하게 한 발 한 발 나아가는 법을 가르쳐야 하는 시기이다.

칭찬만큼 좋은 특효약은 없다

습관이 바뀌면 인생이 바뀐다는 말이 있다. 그럼에도 좋은 습관을 들이는 것이 말처럼 쉽지가 않다. 좋은 습관을 만드는 과정은 잡풀로 우거진 곳을 불도저로 싹 밀어버리고 큰길을 내는 방식이 아니라 나무가 빼곡히 들어찬 산속을 두 발로 디디고 디뎌 산길을 내는 방식과 더 흡사하기 때문이다. 좋은 습관이 내 것으로 자리 잡기까지는 그것을 방해하는 요소들도 많고, 그 과정 또한 무척 고되다.

이런 지난한 과정을 이겨내게 하는 힘은 무엇일까? 나는 칭찬과 모범만 한 게 없다고 생각한다.

시간관리 습관을 들이기 위해 처음으로 매일매일 다이어리를 쓰게 했을 때 딸아이는 어떻게든 안 쓸 궁리를 하기에 바빴다. 계획표를 쓰느니 차라리 공부를 더 하겠다고 우긴 적도 있다. 상황이 이렇다 보니, 처음에는 내가 확인을 하지 않으면 계획표를 작성하지 않고 얼렁뚱땅 지나가는 날도 많았다.

이때 나는 "얼른 일일계획표 써!"라고 강압적으로 말하고 싶은 것을 꾹 참고 스스로 일일계획표를 짜는 날을 기다렸다. 그러던 어느 날 딸이 일일계획표를 적는 플래너를 꺼내 들었을 때 그 순간을 놓치지 않고 칭찬을 듬뿍 안겨주었다.

"어머, 우리 딸 일일계획표를 짜는구나. 일일계획표 짜는 모습을 보니 우리 딸이 다 컸구나 싶은 게 엄마 마음이 너무 뿌듯하네."

물론 플래너를 꺼낸 것은 아이의 의지 때문이 아니라 슬슬 내 눈치가 보였기 때문이라는 것을 알고 있었다. 그래도 상관없었다. 중요한 것은 이때 아이의 기분을 으쓱하게 만들어주는 것이다.

또, 일일계획표 짜기가 너무 미뤄진다 싶으면 지나가는 말로 슬쩍 "일일계획표 짰어?"라고 부드럽게 물어보았다. 내가 잔소리를 했으면 반감을 가졌을 텐데 이렇게 슬쩍 물어보니 "아차!" 하며 플래너를 펴들었다.

무슨 일이든 좋은 습관을 익히는 것은 어른에게도 쉬운 일이 아니다. 그만큼 힘든 과정이기에 공부계획표를 작성하는 습관을 들일 때는 부모의 기다림과 이끎, 칭찬 등의 동기부여가 필요하다.

플래너 작성이 완전히 습관이 된 지금도 나는 가끔 딸의 엉덩이를 토닥이며 칭찬을 퍼부어준다. "우리 딸, 계획표 작성도 짱, 실천도 짱이네!"라고 말이다.

워킹맘을 위한
특별한
시간관리 교육법

혼자서 공부할 수 있는 아이로 키워라

워킹맘은 그야말로 시간을 분과 초 단위로 쪼개어 사는 사람이다. 그렇게 하지 않고는 직장일과 집안일을 함께 양립해갈 수가 없다.

학업과 관련한 인터넷 카페에 종종 이런 상담 글이 올라온다.

"제가 일을 하는 이유도 다 애들 잘 키우기 위해서잖아요. 그런데 일은 일대로 힘들고, 애는 애대로 성적이 엉망이니, 이게 뭐하는 짓인가 싶어요."

하긴, 워킹맘들의 일과는 눈물 없이는 듣지 못할 만큼 힘겹다. 서울시 여성 가족재단이 통계청의 2009년 생활시간 조사자료를 토대로 분석한 결과 맞벌이 부부 가운데 여성의 하루평균 가사노동 시간은 3시간 27분으로 남성의 42분에 비해 5배가량 많았다. 직장 일만도 버거운데 아이들 챙기랴, 집안일 하랴, 잠자리에 들 때쯤이면 그야말로 파김치가 된다는 것을 어렵지 않게 짐작할 수 있다.

저녁에 퇴근해 돌아오면 몸은 파김치인데, 집안은 엉망이다. 한숨이 절로 나는 상황이다. 저녁 해서 밥 먹이고 대충 치워놓고 나면 그저 눕고만 싶다. 하지만 아이는 낮 시간 동안 뭘 했는지 숙제는 전혀 되어 있지 않다. 그러고도 엄마의 짜증이 폭발할 때까지 텔레비전을 보거나 컴퓨터 앞에 앉아 있다. "내가 너 때문에 못 살아. 엄마도 숨 좀 쉬고 살자"라는 말이 나올 수밖에 없다.

하지만 전업주부에게 한번 물어보자. 전업주부의 자녀라고 해서 상황이 크게 다르지 않다. 온 가족이 역할을 나누거나 깨끗한 집에 대한 욕심을 접는다면, 하루에 1시간은 충분히 확보할 수 있다. 그 1시간을 공부하는 아이 곁에 있어주자.

하루에 1시간은 언뜻 너무 짧은 시간 같지만, 초등학교 저학년이나 습관이 잡히지 않은 고학년의 경우에는 습관을 잡기에 충분한 시간이다. 일단 습관만 잡히고 나면 공부시간을 늘려가는 건 어려운 일이 아니다.

프리랜서이긴 하지만 나 또한 직장생활을 한다. 아침 시간의 방송프로그램이 배당되면 아이가 학교에 가 있는 동안 방송국에서 일을 하고 아이가 학교에서 돌아올 시간에 맞춰 퇴근을 할 수 있다. 하지만 오후 시간대 방송이 배정되면 오전에 집에서 원고작업을 하고 아이가 올 시간에 출근을 해야 하는 상황이 발생한다.

아이가 초등학교 4학년 때부터 2년 동안, 내가 맡은 프로그램은 오후 4시부터 6시까지 진행되는 음악프로그램이었다. 아무리 빨리 집에 도착해도 7시는 되어야 했다.

학원에 다니지 않던 아이는 학교에서 돌아온 후 내가 퇴근하는 7시까지 집에 혼자 있었는데, 이때 나는 아이에게 과제를 딱 한 가지만 내주었다. 엄마가 돌아올 때까지 반드시 숙제만큼은 해두라는 것이었다. 그리고 그 외의 시간은 아이의 자율에 맡겼다.

그러자 아이는 낮 시간에는 친구들과 놀거나 책을 읽으며 자유시간을 보내다가 내가 돌아오는 시간이 다 되어서야 숙제를 하는 눈치였다. 하지만 나는 개의치 않았다. 숙제부터 하고 놀면 좋겠지만, 놀기를 먼저 하고 나중에 숙제를 하는 것도 아이의 시간관리 방식이라고 인정했던 것이다.

딸의 본격적인 공부시간은 오후 8시부터였다. 이때만큼은 나도 다른 모든 일을 접고 책상에 앉아 있기 위해 노력했다. 딸은 딸의 책상에서 공부하고, 나는 내 책상에서 원고작업을 하거나 책을 읽었다.

부모가 없는 동안 모든 것을 다 해놓기를 기대하기보다는 오히려 아이에게 자유시간을 주는 것이 좋다. 그리고 부모가 함께 있어줄 수 있는 시간을 '아이가 공부하는 시간'으로 계획해본다면 어렵지 않게 자녀의 공부습관을 잡을 수 있다.

휴대전화는 감시용이 아닌 애정확인용으로 사용하라

요즘은 아주 어릴 때부터 자녀에게 휴대전화를 사 주는 추세다. 그것도 아이가 사 달라고 졸라서가 아니라 주로 부모의 필요에 의한 경우가 많다. 자녀의 안전과 소통을 위해서 필요하기는 하지만, 문제는 그런 용도보다 감시용으로 더 많이 사용된다는 것이다. 학원은 빠지지 않고 잘 갔는지, 학교 숙제는 다 했는지, 학원의 레벨심사를 통과했는지, 이번 시험에서는 몇 개나 틀렸는지를 묻기 위해 휴대전화를 이용하는 경우를 주변에서 많이 본다.

그런데 이런 엄마의 전화를 받고 싶어 하는 아이가 도대체 몇 명이나 될까? 세상 어느 누구도 감시나 잔소리를 달가워할 리 없다. 얼마 전 휴대전화 문자메시지로 "바지, 세탁기 돌리지 말 것. 얼룩 먼지 많음" 등 집안일을 일일이 지시하고 잔소리하던 남편이 이혼을 당했다는 뉴스도 있었다.

아이들도 마찬가지다. 그래서 엄마의 전화를 아예 받지 않거나, 심지어 깜박 잊었다는 핑계를 대고 집에 놔두고 다니는 아이들도 있다. 부모가 휴대전화의 편리함을 잘못 활용한 탓이다.

휴대전화를 감시용이 아니라 애정 확인용으로 사용하자.

'학원에 도착했어?' 대신에 '학교에서는 재미있었니?'라고 물어봐주고, '숙제 다 했어?' 대신에 '엄마가 곁에 없어도 우리 아들(딸)이 너무 씩씩하게 잘해줘서 엄마가 늘 고마워'라고 말해주자. '레벨테스트 통과했어?'보다는 '공부하느라 힘들지? 오늘 저녁에 엄마가 맛있는 거 해줄게'라고 말해주자.

더구나 초등학교 때는 엄마와 떨어져 지내는 시간에 심리적으로 불안감을 느낄 수 있다는 것을 감안해 엄마가 지금 어디에 있는지 위치 확인을 시켜주고, 엄마가 얼마나 사랑하고 있는지도 알려주자.

아빠와 2인3각 경기를 펼쳐라

아이가 공부를 잘하기 위해서는 아빠의 무관심이 필요하다는 우스갯소리가 있다. 이 말이 요즘 엄마들 사이에서는 정석처럼 받아들여지는 분위기다. 하지만 워킹맘이라면 반드시 경계해야 할 말이다. 워킹맘 입장에서는 아빠와 호흡을 합쳐 2인3각 경기를 얼마나 멋지게 펼치느냐에 따라 아이의 인생이 달라지기 때문이다.

우선, 아버지와 대화가 많은 아이들일수록 성적이 좋다는 사실에 주목하자. 한국청소년정책연구원에 따르면 아버지와 대화를 '자주' 또는 '매우 자주'한다고 응답한 비율이 성적이 상위권인 학생은 49.5퍼센트로 높았지만 하위권인 학생은 37.4퍼센트에 그쳤다. 아버지의 정서적 지지와 사회적 지지가 아동의 성취동기뿐만 아니라 학습과정과 성적에도 큰 영향을 미친다고 한국청소년정책연구원은 추론했다.

해외에서도 비슷한 연구결과가 나왔는데, 옥스퍼드대학교 자녀양육연구센터가 40여 년간에 걸쳐 연구한 결과에 따르면 아버지의 적극적인 양육 참여는 훗날 자녀의 학업성적과 밀접한 관계가 있는 것으로 조사되었다.

또한 자녀의 사회성을 기르는 데도 아버지들은 중요한 역할을 한다. 영국의

랭커스터대학교의 연구에서는 아버지가 적극적으로 양육에 참여할 때 자녀의 사회성이 높아지고 범죄 가능성은 낮아지는 것으로 나타났다.

　남편과 나는 주말부부다. 남편은 금요일 밤에 집에 돌아와 월요일 새벽에 출근한다. 그래서 딸의 학습을 도와주는 일은 자연스레 내가 맡게 되었지만, 남편은 아이의 정서 함양에 각별히 신경을 쓴다. 그래서 시작된 것이 딸에게 보내는 남편의 편지와 가족캠핑이다. 남편은 아이에게 주중에는 편지를 쓰고, 주말이면 캠핑 짐을 꾸린다. 귀찮다고 생각하면 캠핑만큼 번거로운 일도 없다. 조금 과장하면 꾸려야 할 짐이 작은 자취방 이사 수준이다. 그럼에도 남편은 기꺼이 수고를 감내한다. 얼마 전에 떠났던 캠핑에서는 풍등 날리기 이벤트까지 준비해서 아이와 나를 감동시켰다.

　남편을 적극적으로 양육에 끌어들여라. 상황을 설명하고 도움을 요청하라. 자녀의 학습에 대해 남편과 자주 의논하고, 남편이 가진 장점을 자녀에게 어떻게 전달할 수 있을지에 대해 방법을 고민하자. 학습면에서 한계가 보인다면 다른 부분에서 남편의 역할을 찾으면 된다. 자녀교육에 관한 아버지의 마음가짐이 달라지면 자녀의 현재와 미래도 달라진다는 것을 유념하자.

계획을 세울 때에는 길어도 한 학기 정도로 잡는 것이 좋다.

일반인들의 1년은 새해 첫날부터 시작되지만

초등학교 아이들의 새로운 시작은 1월 1일이 아니라

3월 개학날이다.

그때부터 학기 말 학업성취도평가를 치를 때까지.

학기 말 학업성취도평가 이후부터 여름방학까지.

다시 2학기를 시작해서 학년 말 학업성취도평가를 치를 때까지.

그 이후부터 겨울방학을 지나 봄방학까지.

이렇게 4개의 큰 틀로 나눠 계획을 잡으면 된다.

:: 3장 ::

막연한
공부계획은

실천력이
떨어진다

계획보다
목표와 전략이
먼저다

성공률 100퍼센트를 위한 목표 세우기

아이가 새 학년이 되면 엄마들은 "올해는 공부를 열심히 좀 하자"라고 말한다. 하지만 어릴 때부터 목표와 계획을 꾸준히 세워온 아이가 아니라면 막연히 다짐만 할 뿐, 실천이 뒷받침되지 못한다. 예습과 복습을 열심히 하겠다고 결심해도 작심삼일이다. 공부에 관해 어떻게 계획을 세우고, 무엇부터 실천해야 할지 갈피를 못 잡기 때문이다.

이럴 때 부모가 해주어야 할 일이 자녀와 함께 목표를 설정하고 연, 월, 주,

일 단위의 구체적인 계획을 세우는 일이다. 자녀가 저학년이라면 목표와 전략을 부모가 혼자 짜고 자녀에게 "우리 이렇게 해보자"라고 유도해도 상관없지만 고학년이라면 자녀와 함께 대화를 나눠야 한다. 자녀의 학습의지를 끌어내야 하고 스스로 목표와 전략을 세우고 실천하는 목표관리력까지 키워줘야 하기 때문이다.

자녀가 공부를 잘했으면 하는 마음은 부모라면 누구나 갖는 마음이다. '건강하고 씩씩하게만 자라다오'라는 마음으로 딸의 초등학교 1, 2학년 시절을 시골에서 마냥 풀어놓고 키웠던 나도 아이가 공부를 못해도 상관없다는 생각을 해본 적은 없다. 다만 공부를 본격적으로 시작해야 할 시기가 따로 있다고 생각했다. 그 무렵 나는 초등학교 3학년 때부터 서서히 시작해서 4학년 때 본격적으로 하면 충분하다고 판단했다.

그런데 많은 부모들이 막연히 자녀가 공부에 열심이기를 바라고 성적이 잘 나오기를 기대할 뿐, 구체적으로 자녀의 공부수준은 어떠하고, 현재 내 아이의 학습력으로 봤을 때 어느 정도 노력해서 어느 정도의 점수까지 받을 수 있는지는 생각하지 않는다. 목표가 구체적이지 않다는 뜻이다.

그렇다면 목표는 어떻게 세워야 할까?

일본의 저명한 경영 컨설턴트 간다 마사노리 씨의 목표설정 방식인 'SMART 원칙'을 따라해본다면 자녀가 계획을 세울 때 처음 도와주는 부모도 훌륭한 조언자가 될 수 있다.

먼저 S는 specific의 약자로 '구체적인'이란 뜻이고, M은 measurable의 약자로 '측정 가능한'이란 뜻이다. 공부 열심히 하기, 운동 열심히 하기는 계획이라고 할 수 없다. 공부를 열심히 한다는 것이 어떤 것인지, 운동을 열심히 한다는 게 어느 정도를 한다는 것인지 명확하지 않기 때문이다. 따라서 하루에 수학 3장 풀기, 하루에 영어동화책 3번씩 반복해서 듣기, 하루에 동화책 2권 읽기, 매일 줄넘기 100개씩 하기처럼 구체적이면서 실천 여부를 바로 측정할 수 있는 계획을 세우도록 도와야 한다.

다음으로 A는 agreed upon의 약자로 '스스로 동의할 수 있어야 한다'는 뜻이다. 공부를 잘하는 방법에 대해 이야기를 하면 가장 기본적으로 나오는 것이 '내적 동기'이다. 아무리 멋진 목표, 훌륭한 계획이라도 자녀 스스로 하고자 하는 의지가 없다면 아무 소용이 없다. '하겠다', '할 수 있다', '하고야 만다'라는 의지를 이끌어내야만 실천력을 높일 수 있다.

그리고 R은 realistic의 약자로 '현실적인'이란 뜻이다. 한마디로 실현 가능하고 지킬 수 있는 계획을 세워야 한다는 것이다. 의욕에 차서 '하루에 문제집 한 권 풀기', '하루에 수학 2시간, 영어 2시간, 예습·복습 2시간, 독서 2시간 하기' 같은 계획을 세운다면 작심삼일은커녕 작심하루도 가지 못할 것이다.

하루 24시간 가운데 자녀가 마음대로 쓸 수 있는 시간은 사실 그렇게 많지 않다. 뒤에서 '시간명세서 만들기'에 대해 이야기하겠지만, 자녀와 함께 하루에 공부할 수 있는 시간이 얼마나 되는지 계산해서 그 시간에 할 일과 분량을 계획해야 한다. 이때 특히 주의할 점은 자녀가 할 수 있는 공부량이나 부모의 기대 수준의 80퍼센트 정도를 학습량으로 정해야 한다는 것이다. 계획을 100퍼센트 달성하는 습관을 들이기 위해서다. 99.9퍼센트 달성과 100퍼센트 달성은 의미부터가 다르다. 단 0.1퍼센트의 차이지만 이것이 쌓이고 쌓이면 대충하는 데 만족하는 습관이 들게 된다. 100퍼센트 달성하고, 달성에 대한 성취감에 취하게 하라. 중고등학교 공부에 듬직한 자산이 될 것이다.

T는 timely의 약자로 '기한이 명확해야 한다'는 뜻이다. 수학문제집 한 권을 한 학기인 석 달 만에 끝내자고 자녀와 합의가 이루어졌다면 그 기한에 맞춰 하루에 해야 할 수학문제집 분량을 나누는 식이다. 이때 기한은 짧게 잡는 것이 좋다. 어른들에 비해 아이들은 시간감각이 크게 떨어지기 때문에 1년, 3년, 5년과 같은 긴 시간에 대해서는 계획 세우는 것이 무척 어렵다.

계획을 세울 때에는 길어도 한 학기 정도로 잡는 것이 좋다. 일반인들의 1년은 새해 첫날부터 시작되지만 초등학교 아이들의 새로운 시작은 1월 1일이 아니라 3월 개학날이다. 그때부터 학기 말 학업성취도평가를 치를 때까지, 학기 말 학업성취도평가 이후부터 여름방학까지, 다시 2학기를 시작해서 학년 말 학업성취도평가를 치를 때까지, 그 이후부터 겨울방학을 지나 봄방학까지, 이렇게 4개의 큰 틀로 나눠 계획을 잡으면 된다.

한 학기를 학업성취도평가를 치를 때까지로 잡는 이유는 시험을 치르고부터

초등생을 위한 1년의 큰 틀 세우기			
1기	2기	3기	4기
1학기 개학 ~ 학기 말 학업성취도평가	학기 말 학업성취도평가 ~ 여름방학 마지막 날	2학기 개학 ~ 학년 말 학업성취도평가	학년 말 학업성취도평가 이후 ~ 겨울방학을 거쳐 봄방학 마지막 날

방학이 시작될 때까지 시간이 많아서 전 학기의 학습내용을 복습하는 시간으로 충분히 활용할 수 있기 때문이다.

목표 달성의 열쇠는 '전략'에 있다

전략의 사전적 의미는 '전쟁에서 전반적으로 이끌어가는 방법이나 책략'이다. 전쟁의 궁극적 목표는 승리이고 그 승리를 위해 전략을 구사하듯이, 학습계획에서의 목표는 효율적인 학습이며, 이것을 위해 최선의 방법을 찾는 것이 곧 전략이다.

《교육학 용어사전》에 따르면 학습전략은 대개 네 가지로 구분된다.

첫째는 정보처리 전략으로, 학습을 통해 알게 된 정보들을 자신의 것으로 만들기 위해 학습자가 사용하는 조직화나 정교화를 가리킨다.

내 딸은 영어단어 암기를 무척 힘들어했다. 에빙하우스의 망각곡선에 따르면 학습 후 10분 후부터 망각이 시작되어, 1시간 뒤에는 50퍼센트를, 하루 뒤에는 70퍼센트를, 한 달 뒤에는 80퍼센트를 망각하게 된다고 한다. 단어 10개를 외워도 그 다음날이면 3개밖에 기억하지 못하는 게 보통 사람들의 기억력인 셈이다. 그래서 딸과 나는 처음 외운 단어는 5회에 걸쳐 다시 외울 수 있도록 전략을 짰다. 첫날에 5개, 둘째 날에는 전날 외운 5개에다 새로운 단어 5개를 추가하고, 셋째 날에는 그 전날에 외운 단어 10개에다 다시 새로운 단어 5개를 추가해서 외우는 식으로.

두 번째는 공부전략으로, 공부습관과 생활리듬 등을 분석하는 것에서부터 노트필기 방법이나 시험준비 방법 등 각종 공부법들이 여기에 해당된다.

딸이 처음으로 시험공부를 시작했던 초등학교 4학년 때 나는 아이에게 과목별로 시험을 준비하는 방법에 대해 일일이 설명해주었다. 사회과목을 예로 들면, 교과서를 읽으면서 이해하고, 문제집을 푼 후에 틀린 문제는 물론이고 맞았지만 보충이 필요한 부분을 완전히 암기하라고 일러주는 식이었다.

세 번째는 지원전략으로, 효율적인 학습시간의 조직방법, 시험 불안을 제거 또는 완화시키는 방법, 과제에 대해 주의집중하는 법 등을 가리킨다.

워킹맘의 경우, 엄마가 집에 돌아와 함께 있을 수 있는 8시부터 10시까지를 공부시간으로 정한다거나, 공부할 때 집중력을 높이기 위해 텔레비전을 끈다든가 하는 것이 지원전략이 될 수 있다.

마지막으로 자신이 아는 것과 모르는 것을 정확히 구분해내고 자신이 제대로 공부하고 있는가를 점검하고 통제하는 기술이나 방법은 상위 인지전략에 속한다.

공부를 잘하는 아이들의 특징 가운데 하나가 자신이 아는 것과 모르는 것을 정확히 알고 있다는 것이다. 아이 스스로 아는 것과 모르는 것을 정확히 구분할 수 있도록 도와주고, 매일매일 자신이 충실히 계획을 실천하고 있는지를 평가하도록 하는 것 등이 여기에 해당된다.

이 같은 네 가지 분류에 맞춰 자녀와 함께 현재 상태를 분석해보고 목표에 따라 그에 맞는 전략을 수립하면 된다. 다시 말해, 현재 자녀가 학습을 통해 알게 된 정보를 자신의 것으로 만들기 위해 어떻게 하고 있는지, 제대로 된 공부방법으로 최대의 효과를 내고 있는지, 효율적으로 학습시간을 정하고 그 시간에 집

114

중하고 있는지, 자신이 아는 것과 모르는 것을 정확히 구분해내며 자신의 공부 습관을 자주 점검하고 보완하고 있는지를 판단하고, 그에 맞춰 전략을 수립하거나 수정하면 되는 것이다.

계획짱이의 4학년 1학기 목표		
한 학기 목표		학습전략
학교 공부	학교 시험 : 평균 95점 맞기	• 예습 : 가방을 챙기면서 오늘 무엇을 배울 지를 확인하기 • 수업시간 : 완전 집중하기 • 복습 : 교과서 읽고 배운 부분 문제집 풀기 • 시험공부 : 2주 전부터 계획을 세워서 하기
평소 공부	수학 : 문제집 풀기	• 매일 3장씩 풀기 • 오답문제는 당일에 바로 풀기
	영어 : 동화책 3권 완전 암기	• 월 1회, 한 권 완전 암기 　- 1주일 : 집중 듣기 　- 2주일 : 따라 읽기 　- 1주일 : 책을 보지 않고 따라 읽기 • 단어 하루에 5개씩 외우기 　- 5회 누적
독서 : 책 30권 읽기		• 하루에 1시간씩 독서에 투자하기 • 일주일에 한 번 도서관 가기
운동 : 줄넘기		• 하루에 100개씩 하기
학교 행사 : 자연관찰대회(4월 6일), 과학글짓기대회(4월 20일)에서 입상		• 과학과 관련된 책 다양하게 읽기 • 주제를 예상해 미리 글짓기 해보기

목표와 전략 짜기 길라잡이

❶ 학교 공부와 평소 공부를 구분해서 계획표를 짜도록 일러주자. 학교 공부는 학교수업과 관련한 예습, 복습, 숙제 등을 가리키고, 평소 공부는 학교 공부와는 별개로 자신의 실력 향상을 위해 스스로 진행하는 공부를 가리킨다. 최근의 교육 추세를 봤을 때 영어와 수학은 학교 공부만으로는 부족한 게 현실이다. 예로 든 '계획쟁이의 4학년 1학기 목표'는 학원에 다니지 않는다는 전제하에 작성한 것이지만, 만약 학원을 다닌다면 학교 공부와 평소 공부 이외에 학원 공부의 목표와 전략도 추가해야 한다.

❷ 목표와 전략은 구체적으로 적어두도록 하자. 예습과 복습만 적는 것이 아니라 어떻게 예습하고, 어떻게 복습할지를 상세하게 기록해야 실천하기가 쉽다.

❸ 학습계획 안에 독서와 운동 계획까지 포함시키자. 독서와 운동은 남는 시간에 하는 게 아니라 일상생활의 한 축임을 인식시키기 위해서다. 특히 독서와 운동은 중고등학교 학습의 기초가 된다.

❹ 3월 학부모총회에서 나눠주는 학교 연간일정표를 학기별 계획에 활용하자. 학기별 행사 중에서 아이가 참여하고 싶은 행사가 무엇인지를 의논하고, 그에 대한 계획까지 목표와 전략에 적어두게 하자. 그래야만 학교 행사를 놓치지 않을 수 있고, 이왕 참여하는 행사에서 좋은 결과를 얻을 수 있다.

부모가 짜는 내 아이의 로드맵

앞서 아이와 함께 짜는 목표와 전략에 대해서 알아봤는데, 기본적으로 초등학교 때는 아이의 계획표와 별개로 아이를 위한 부모만의 로드맵이 있어야 한다. 아이의 6년을 어느 정도 머릿속에 그리고 있어야 올바른 방향으로 이끌 수 있고, 주변에서 들리는 이야기들에 흔들리거나 현혹되지 않는다.

나는 아이의 초등 시절의 목표를 '자기주도학습 습관 들이기'로 잡고 매 학년마다 다음과 같은 로드맵을 그렸다. 이 로드맵은 새 학년이 시작될 때 "올해는 이런 습관을 한번 들여보자" 하는 정도로만 아이에게 전달하고 전체적인 그림은 내 머릿속에만 있었다.

본격적으로 공부를 해야 할 때라고 판단하고 있던 4학년에 올라갈 때에는 선행학습을 고민하면서 수학과 영어의 로드맵을 좀 더 구체화시켰다.

수학의 경우는 선행학습보다 더 중요한 것이 제 학년 학습이라고 판단했다. 그래서 중학교 선행학습은 초등학교 6학년 여름방학과 겨울방학에만 시키기로

> 1~2학년 : 자연 속에서 마음의 크기 키우기
>
> 3학년 : 일일계획표 직접 작성하는 습관 들이기
>
> 4학년 : 스스로 계획하고 공부하는 습관 들이기
>
> 5학년 : 시험준비 혼자서 하기
>
> 6학년 : 예습, 복습 습관 들이기

하고, 제 학년 기본기부터 충실히 공부하게 한 후에 응용, 심화, 사고력 수학 순으로 계획을 잡았다.

영어는 저학년 때부터 꾸준히 읽어온 영어동화책을 바탕으로, 매달 한 권씩 완전히 암기하는 수준이 될 때까지 반복 청취하기로 하고, 내가 봐주는 데 한계가 있다고 판단한 부분은 학습지의 도움을 받기로 했다. 역시 중학영어 바탕 잡기는 6학년 때 진행하는 걸로 정했다.

이러한 과목별 로드맵을 아이에게 가끔 보여주면서 전체적인 공부 방향을 가늠할 수 있도록 했다.

수학 · 영어 학년별 로드맵	
구 분	내 용

수 학	• 학기 중 : 제 학년 수학 열심히! (응용 문제집 중심)
	• 방학
	  ❶ 전 학기 복습 중심
	  ❷ 다음 학기 예습(기본 문제집 중심)
	• 심화 및 사고력 수학
	  ❶ 4학년 : 방학 때만 심화
	  ❷ 5학년 : '심화'는 학기 중에, '사고력 수학'은 방학 때만
	  ❸ 6학년 : 학기 중에 '심화'와 '사고력 수학' 병행
	• 중학수학 선행학습
	  ❶ 6학년 여름방학, 겨울방학 활용
	  ❷ 중 1–1 수학만 선행

영 어	• 영어동화책 한 달에 한 권 반복 청취하도록 지도
	• 영어 기초 잡기 : 학습지 활용(4~5학년 2년 동안)
	• 중학영어 바탕 잡기(6학년)
	  ❶ 문법 : 인터넷 강의 활용
	  ❷ 읽기와 쓰기 : 교재 활용 독학

구분	1학기 (3~6월)	여름방학 (7~8월)	2학기 (9~11월)	겨울방학 (12~2월)
학교 공부	예습 : 교과서 복습 : 익힘책 〈시험 준비기간〉 ❶ 기본, 응용 문 　제집 : 오답 　중심 ❷ 기출집 ❸ 교과서와 익힘 　책 다시보기 ❹ 오답노트 작성	4-1 복습 ❶ 응용 문제집 　다시 풀기 ❷ 심화 문제집	예습 : 교과서 복습 : 익힘책 〈시험 준비기간〉 ❶ 기본, 응용 문 　제집 : 오답 　중심 ❷ 기출집 ❸ 교과서, 익힘 　책 다시보기 ❹ 오답노트 작성	4-2 복습 ❶ 응용 문제집 　다시 풀기 ❷ 심화 문제집
평소 공부	응용 문제집	4-2 예습 ❶ EBS 강의 ❷ 기본 문제집	응용 문제집	5-1 예습 ❶ EBS 강의 ❷ 기본 문제집
지도 방향	❶ 오답은 그날 반드시 해결하는 습관을 들이도록 한다. ❷ 정답은 맞았지만 다음에 다시 풀어봐야 하는 문제는 아이 스스로 별표를 　하도록 한다. ❸ 오답노트는 시험 때만 작성하도록 한다. ❹ 심화 문제집은 전부를 풀이하는 데 목표를 두지 않고 어려운 수학문제를 　접할 수 있는 기회로 활용한다.			

수학 연간 로드맵의 예(4학년)

　아이가 초등학교 6학년 1학기 때 "엄마, 친구들이 함수 얘기를 하는데, 나는 무슨 말인지 하나도 못 알아들었어. 친구들은 다들 선행을 하는데, 나는 안 해도 괜찮을까?"라고 말한 적이 있다. 그때도 나는 아이의 '학년별 수학 로드맵'을 꺼내놓고 설명하며 딸을 안심시켰다.

그리고 학년별 로드맵을 기준으로 해마다 아이의 1년 로드맵을 다시 작성했다. 학원에 가도 커리큘럼이 있듯이, 딸을 학원에 보내지 않는 나로서는 꼭 필요한 작업이었다. 이렇게 작성해둔 1년 로드맵은 딸과 함께 학기별 목표와 전략을 짤 때 꼭 필요한 이정표가 되었다.

연간 로드맵에는 앞서도 언급했듯이 학기를 중심으로 4등분해서 나누고, 학교 공부와 평소 공부를 구분했다. 학교 공부는 학교의 진도에 맞춰서, 평소 공부는 학교 공부와 별도로 내 아이만의 학습진도에 맞추어 구성했다. 또한, 비고란을 따로 두어 엄마로서 주의 깊게 살펴야 할 점이나 1년 동안의 지도방향 등을 적었다.

연간 과목별 로드맵의 경우는 아예 인쇄를 해서 딸이 자주 들춰보는 단면파일에 끼워주었다. 한 해 동안 무엇을 어떻게 공부해야 하는지 아이도 알고 있어야 하기 때문이다.

사실 자녀의 연간 로드맵을 짜기 위해서는 공부가 조금 필요하다. 그 과정을 거쳐서 막상 작성이 끝나면 엄마 스스로도 자녀의 1년 계획이 머릿속에 생생하게 그려지는 장점이 있다. 계획 세우는 게 부담스럽고 어렵다면 책이나 인터넷카페, 학원의 커리큘럼 등을 참고하는 것도 좋다.

스스로 세운
계획표의 실행률이
높다

일의 우선순위를 가르쳐라

《성공하는 사람들의 7가지 습관》에서 스티븐 코비는 이런 질문을 던지고
있다.

"당신이 지금 하고 있지는 않지만 만일 규칙적으로 행한다면 자신의 삶에 좋
은 결과를 가져다줄 만한 것 한 가지는 무엇인가?"

이 질문을 당신의 자녀에게 던진다면 어떤 대답을 할지 생각해보자. 물론 행
복은 성적순이 아니다. 하지만 학생에게 주어진 가장 중요한 책무가 공부인 것

만은 틀림없는 사실이다. 그리고 지금부터라도 계획을 세워 규칙적으로 공부한다면 자녀의 삶에 좋은 결과가 있으리란 것은 명백하다.

하지만 요즘 아이들은 정말 바쁘다. 학원에도 가야 하고, 친구들과 놀기도 해야 하고, 전날 실패했던 게임의 레벨도 올려야 하고, 학교와 학원에서 내주는 숙제도 해야 한다. 이렇게 바쁜 일정을 제대로 관리하지 않으면, 중요하거나 급한 것은 하지 않고 중요하지도 급하지도 않지만 재미있는 것에 휘둘리기 십상이다. 물론 아이들은 친구들과 놀기도 해야 한다. 게임이 스트레스에 약이 될 수도 있다. 하지만 시간관념이 전혀 없는 상황에서 무작정 노는 것은 위험하다. 예전 세대들의 생활환경에 비해 자극적인 놀거리들이 너무 많기 때문이다.

누구에게나 하루 24시간은 공평하게 주어진다. 그리고 어느 누구도 시간을 저축할 수 없다. 아이들에게 주어진 시간을 유용하게 사용할 수 있도록 계획표 작성을 가르쳐야 하는 이유이다.

《성공하는 사람들의 7가지 습관》에서 스티븐 코비는 소중한 것부터 먼저 실천하라고 충고한다. 그는 일을 종류에 따라 4가지로 나눈다. 중요하고 긴급한 일, 중요하지만 긴급하지는 않은 일, 중요하지는 않지만 긴급한 일, 중요하지도 않고 긴급하지도 않은 일.

다음 표와 같이 자녀와 함께 일과를 분류해서 정리해보자. 어떤 일이 중요하고 긴급한 일이며, 어떤 일이 중요하지도 긴급하지도 않은 일인지를 분석해보자. 아이 스스로 자신의 하루를 바라보는 시각이 달라질 것이다. 아울러 중요하고 긴급한 일과 중요하긴 하지만 긴급하지 않은 일에 시간을 가능한 한 많이 투자할 수 있도록 대화를 이끌어보자.

일을 중요도와 긴급도를 중심으로 나눈다면…	
중요하고 긴급한 일	중요하지만 긴급하지는 않은 일
• 학교 숙제 • 학원 가기 • 학업성취도평가 공부	• 장기 계획표 짜기 • 자기계발 계획 실천하기 (영어인증시험, 피아노 콩쿠르 준비 등) • 전학 간 친구와의 만남 • 가족과 대화시간 가지기 • 운동하기
중요하지는 않지만 긴급한 일	중요하지도 않고 긴급하지도 않은 일
• 공부 중에 울리는 휴대전화 받기 • 문자메시지 답장하기 • 공부시간에 화장실 가고 싶은 욕구 해결하기	• TV 시청하기 • 컴퓨터게임 하기

시간 명세서 만들기

"요즘 어떻게 지내세요?"라고 물으면 "하는 일 없이 바빠요"라고 대답하는 사람들이 많다. '백수가 과로사 한다'는 농담이 있는데, 실제로 시간을 어영부영 보내다 보면 뭘 했는지도 모르고 하루해가 가기 십상이다. 이것은 아이들도 마찬가지다. 학교와 학원에 갔다 와서 이것 찔끔 저것 찔끔, 이리 왔다 저리 갔다 하다 보면 어느새 잠잘 시간이다.

시간은 나이에 비례해서 흐른다고들 한다. 10대 때는 10킬로미터로, 20대 때는 40킬로미터로, 그리고 40대, 50대가 되면 80킬로미터, 100킬로미터의 속도

	월	화	수	목	금	토	일
계획짱이의 시간 명세서							
오전 7시	기상 & 학교 갈 준비하기						
8시	학교 수업						
9시							
10시							
11시							
12시							
오후 1시							
2시							
3시							
4시							
5시	숙제 등 학교 공부						
6시	운동 / 독서						
7시	저녁식사						
8시	공부(평소 공부)					실천 못한 공부하기	
9시							
10시							
11시	꿈나라로!						
12시							
오전 1시							
2시							
3시							
4시							
5시							
6시							

시간 명세서 작성 길라잡이

❶ 하루 24시간 중에서 학교수업, 학원수업, 잠자는 시간 등 고정되어 반복되는 시간을 먼저 표시한다.

❷ 고정시간 이외의 시간은 모두 가용시간이다. 이 가용시간 가운데 목표와 전략을 실천할 수 있는 시간을 정한다. 이때 가용시간 전부를 공부시간으로 정하는 것은 무리가 있다. 자녀에게 자유롭게 쓸 수 있는 시간이 필요하기 때문이다. 부모는 자녀의 학년에 따라 적절하게 공부시간을 조절해줄 필요가 있다.

❸ 공부시간은 월요일부터 금요일까지 항상 같은 시간에 2~3시간 정도 연속되도록 잡는 것이 좋다. 요일마다 시간이 다르면 시간을 놓치거나 습관을 몸에 익히기가 힘들기 때문이다.

로 시간이 지나간다는 말이다. 그렇다면 지금 부모 세대가 느끼는 시간의 속도와 이제 겨우 초등학생인 자녀가 느끼는 시간의 속도는 다를 수밖에 없다. 부모 입장에서는 2주 후에 있을 시험이 '코앞'으로 느껴지더라도, 아이 입장에서는 '까마득히 먼 미래'로 느껴질 수 있다. 이런 아이들에게는 현재 자신이 시간을 어떻게 사용하고 있는지 점검할 수 있는 '시간 명세서'를 만들어보게 하자.

시간 명세서는 크게 고정시간과 가용시간으로 나눈다. 학교 가기, 학원 가기, 잠자기처럼 늘 고정적으로 해야 하는 일은 고정시간에 넣고, 고정시간 이 외에 무엇을 할지 결정되어 있지 않은 일은 가용시간에 넣으면 된다.

월간, 주간 계획표 세우기

학기나 방학 등 굵직한 시기별로 목표와 학습전략을 짰다면 이번에는 그 목표를 이루기 위한 구체적인 계획수립에 들어가야 한다. 먼저 월간계획표부터 시작해야 주간계획표나 일일계획표의 실천력을 높일 수 있다.

예를 들어, 그 달에 있을 학교 행사나 집안 행사 등을 생각하지 않고 수학을 매일 3장씩 해서 한 달에 90장을 하겠다고 계획하면 결국 계획이 밀리는 일이 발생하고, 이것이 반복되면 전체 계획이 크게 틀어져 계획표를 작성하고 완수하는 재미가 반감되고 만다.

월간계획서에 들어가야 하는 내용은 크게 '일정'과 '목표'로 나눌 수 있다. 일정은 우리가 달력에 보통 표시하는 가족,행사나 학교의 중요한 일정 등이고, 목표는 학기나 방학 등의 시기별 목표를 월별로 나눈 것을 말한다.

그래서 나는 3월 학부모총회에서 나눠주는 학교 연간일정표를 아이 책상 옆에 붙여두고, 중요한 일정은 형광펜으로 표시해두었다. 그런 다음 연간일정표를 기준으로 컴퓨터에서 출력한 월간계획표에 적어 넣도록 했다. 요즘은 학교 홈페이지에서도 연간일정표를 확인할 수 있다.

월간계획표 아래에는 한 달 목표란을 따로 두어 그 달에 달성해야 할 목표를 적도록 한다. 3월 개학 이후 1학기 말까지 4개월 보름 정도가 된다면 1학기 동

계획짱이의 4학년 1학기 4월 계획표

월	화	수	목	금	토	일
				1	2 경주 이모네 방문	3
4 ★자연관찰 탐구대회 준비	5	6 자연관찰 탐구대회 ★도서관 가기	7	8 증조 할아버지 제사	9	10 ★시험 계획표 짜기
11	12 ★시험준비 시작	13	14 현장 체험학습	15	16	17
18	19 ★과학 글짓기 연습	20 과학 글짓기대회	21	22	23	24
25	26 학업성취도 평가	27 ★도서관 가기	28	29	30	

4월 목표

★ 학교 시험에서 평균 95점 이상 : 4월 12일부터 시험준비 시작.
　　　　　　　　　　　　　　　예습, 복습, 수업집중 더욱 철저히
★ 평소 공부(4월 11일, 27~29일) • 수학 : ○○○(수학문제집 이름) 51~104쪽
　　　　　　　　　　　　　　• 영어 : Peter Pan 집중 듣기, Peter Pan 따라 읽기
★ 독서 : 과학 관련 도서 3권 읽기, 동화책 2권 읽기
★ 학교 행사 : 자연관찰대회, 과학글짓기대회 참여 준비

월간 계획표 작성 길라잡이

❶ 월간계획표는 다음 달 시작 일주일이나 열흘 전쯤에 짜는 것이 좋다. 그래야 다음 달과 연계해 이달에 미리 해놔야 하는 일이 있을 때 체크하고 실천할 수 있다.

❷ 학교 일정은 자녀에게 써넣도록 하고, 가족 일정은 부모가 일러주도록 한다. 학교 일정과 가족 일정 때문에 공부하기 어려운 날은 그날을 빼고 평소 공부의 목표치를 정한다.

❸ 만약 그달에 학업성취도평가가 있다면 2주 전부터는 시험준비를 해야 하기 때문에 평소 공부인 수학이나 영어 등은 시험 2주 전에 학습 가능한 날짜만을 계산해 구체적으로 기록해두는 것이 좋다.

예를 들어, 시험이 4월 26일이어서 4월 12일부터는 시험준비를 해야겠다고 판단했다면 평소 공부는 4월 11일까지만 하도록 한다(지역마다 교육정책이 달라서, 서울의 경우 중간고사와 기말고사가 수시평가로 대체된 학교가 있다. 이런 경우에도 학교 홈페이지나 가정통신문 등을 통해 수시평가 일정을 확인하고 학습계획을 세우도록 도와주면 된다).

안 달성해야 하는 목표를 4개월 보름으로 나눠 그 내용을 적으면 된다. 그리고 한 달간의 목표를 다시 4주간으로 나누면 주간계획표가 된다.

계획짱이의 4학년 1학기 4월 주간계획표	
날짜	학습계획
4월 4일~10일	• 수학 : ○○○(수학문제집 이름) 51~80쪽 • 영어 : Peter Pan 집중 듣기 • 독서 : 과학 관련 도서 3권 읽기 • 학교 행사 : 자연관찰대회 참여 준비
4월 11일~17일	• 수학(11일) : ○○○(수학문제집 이름) 81~86쪽 • 영어(11일) : Peter Pan 집중 듣기 • 시험공부(4월 12일부터)
4월 18일~24일	• 시험공부 • 학교 행사 : 과학글짓기대회 참여 준비
4월 25일~5월1일	• 시험공부(25일까지) • 시험(26일) : 평균 95점!! 아자 아자 화이팅! • 수학(27~29일) : ○○○(수학문제집 이름) 87~104쪽 • 영어(27~29일) : Peter Pan 따라 읽기 • 독서 : 동화책 2권 읽기

일일계획표 세우기

학기별 목표와 월간계획표가 완성되었다면 다음은 일일계획표를 작성해야한다. 일일계획표에는 두 가지 종류가 있다. 주간 단위로 세우는 일일계획표와 매일 세우는 일일계획표이다.

주간 단위로 세우는 일일계획표는 해야 할 일이 단순하고 거의 고정되어 있는 저학년 때 유용하며, 계획표 세우기를 처음 시작할 때나 방학 때 적합하다. 그런 반면, 매일 세우는 일일계획표는 일정이 다양해지고 계획 세우기가 습관이 된 고학년 때 적합하다.

아이가 초등학교 1학년에 입학했을 때 처음 딸과 함께 계획표를 만들면서 내가 세운 교육목표는 '공부는 매일 하는 것'이라는 생각 심어주기'였고, 아이와 함께 세운 목표는 '한 학기 끝날 때까지 수학 문제집 매일 풀기, 동화책(영어동화책 포함) 1,000권 읽기'였다. 그래서 하루에 '수학 문제집 3장 풀기, 동화책(영어동화책 포함) 2권 읽기' 정도로만 계획을 세웠다.

그런 다음에 컴퓨터에 저장해둔 주간계획표에 학교 공부와 평소 공부, 독서 등을 구분하고 그 옆에 매일 하기로 정한 일을 적었다. 딸은 이 주간계획표를 벽에 붙여두고, 공부가 끝난 다음에는 요일 아래에 있는 빈칸에 실행 여부를 ○와 ×로 표시했다.

이때 여러 가지 사정으로 주중에 하지 못한 것은 토요일에 하도록 하고, 일요일은 공부와 관련된 것은 일체 하지 않고 무조건 열심히 놀 수 있도록 했는데, 이 원칙을 고학년이 되어서도 유지했더니 아이는 토요일과 일요일에 마음껏 놀기 위해서라도 주중에 열심히 공부하는 모습을 보였다.

그리고 계획표를 처음 작성하는 경우에는 맨 아래에 엄마의 확인란을 두는 것도 좋다. 문구점에서 파는 "참 잘했어요" 도장을 이용해도 좋고, 엄마의 사인이나 짧은 글 한 줄도 좋다. 어쨌든 계획을 세워 공부하는 습관을 처음 들일 때에는 매일매일 엄마가 확인해줘야 습관이 빨리 잡힌다. 단, 계획대로 하지 않은

구 분	할 일	월(4)	화(5)	수(6)	목(7)	금(8)	토(9)	일(10)
평소 공부	수학 3장 풀기					증조 할아버지 제사		야호! 놀자!!
	영어동화 책 Tape 듣기							
학교 공부	숙제							
독서								
줄넘기								
확인								

계획짱이(저학년)의 주간 일일계획표(4/4~4/10)

경우, 혼내는 대신 한두 개라도 '한 것'에 초점을 두고 칭찬을 하는 것이 좋다.

그러다 초등학교 3학년이 되었을 때에는 스스로 계획표를 작성하는 습관을 들이기 위해서 어린이용 플래너를 사주고 매일 직접 적도록 했다.

컴퓨터에 익숙한 요즘 세대는 글씨 쓰는 걸 정말 싫어한다. 딸도 처음에는 왜

계획짱이(고학년)의 주간 일일계획표			
구분	할 일	교재/분량	결과
학교 공부	예습	사회, 국어	○
	복습	영어, 수학, 과학	○
	숙제	과학 : 여러 식물의 한 살이 조사해 오기 준비물 챙기기 : 붓, 신문지	○
	학교 행사 준비	자연관찰탐구대회 자료 찾아보기	○
평소 공부	수학	○○○(교재명) 51~56쪽 풀기	○
	영어	Peter Pan 집중 듣기	x (토요일에 하기)
독서		《재미있는 과학 이야기》 읽기	○
운동		줄넘기 100회	○
오늘의 특별한 일		전학 간 '계획짱이'의 전화를 받았다. 너무너무 반가웠다.	
하루평가		자연관찰탐구대회의 자료를 찾아보느라 영어를 못했다. (오늘의 점수 : 90점)	

매번 똑같은 걸 쓰게 만드냐고 툴툴거렸다. 특히 초등학교 저학년 때의 스케줄은 단순하다. 사실 해도 그만, 안 해도 그만인 일정들이다. 그러나 고학년이 되면 아이들의 하루 일과가 복잡해진다. 챙겨야 하는 수행평가도 많고 아이에게

도움이 되는 대회도 넘쳐난다. 그렇다고 그것을 엄마가 일일이 챙길 수는 없는 노릇이다. 그래서 일정이 단순하고 중요도가 그리 높지 않을 때, 일일계획표를 스스로 적는 습관을 들이도록 하는 것이다.

일일계획표를 매일 적는 습관은 고학년, 더 나아가 중고등학생이 되었을 때 자기주도학습의 밑바탕이 된다. 부모가 먼저 포기하지 않는다면 평생의 좋은 습관이 될 것이다.

계획표의 틀을 어떻게 잡을 것인지, 어린이용 플래너를 이용할 것인지 말 것인지는 부모의 생각과 자녀의 취향을 고려해 판단하자. 단, 고학년 자녀라도 처음으로 계획표를 짜는 경우라면 일주일 단위의 주간 일일계획표를 부모와 함께 작성하는 것이 바람직하다. 계획표 작성에 대한 부담감을 덜어주고, 자녀가 잘 따라오는지, 버거워하는지를 부모가 쉽게 확인할 수 있기 때문이다.

목표점수를 위한 시험계획 세우기

시험성적은 시험계획표를 얼마나 실현가능하게 세우느냐, 그것을 얼마나 열심히 실행하느냐에 따라 달라진다. 특히, 시험 부담이 적은 초등학교 고학년 때부터 시험계획표를 짜고 그것을 수정해가면서 자신만의 시험공부법을 찾을 필요가 있다.

보통 중고등학교에 가면 최소 3주 정도의 시험준비 기간이 필요하지만, 네 과목 정도의 시험을 보는 초등학교 중간학력성취도평가 때는 2주 정도면 충분하다. 예체능 과목까지 포함될 때는 3~4일 정도 더 여유를 두고 시험준비를 시작하면 된다. 시험기간을 얼마나 잡을 것인지는 자녀의 학습속도와 부모의 생각에 따라 조정하면 될 것이다.

처음 시험계획을 짤 때는 물론이고, 초등학교를 졸업할 때까지 시험계획표 짜기는 부모가 도와주는 것이 좋다. 부모가 직접 짜라는 이야기가 아니라 처음 한두 번은 부모가 함께 짜고, 그 다음부터는 자녀가 짠 것을 부모가 보완해주는 식으로 하면 된다.

시험계획표에 필수적으로 들어가야 하는 것은 시험목표, 과목별 범위, 과목별 시험준비 방법과 교재, 그리고 상세한 날짜별 시험계획 등이다.

이때 시험목표를 정하기 위해서는 자녀와 함께 지난 시험을 분석해볼 필요가 있다. 어떤 문제를 왜 틀렸는지 알아봄으로써 공부의 방향을 잡을 수 있기 때문이다. 그런 다음에 이번 시험의 목표를 잡는다. 목표가 있는 상태에서 공부하는 것과 목표 없이 공부하는 것은 결과가 다르다. 목표점수를 시험계획표에 함께 적어두자.

그리고 과목별 범위도 적어두는 것이 좋다. 과목별 범위를 제대로 적어두지 않으면 새로운 과목을 공부할 때마다 범위 확인을 해야 하는 번거로움이 있고, 자칫 범위를 잘못 알고 공부를 더 많이 하거나 덜 하는 경우가 발생할 수 있다.

또, 과목별 시험준비 방법과 교재도 시험계획을 짜기 전에 미리 세운다. 예를 들어, 평소에 수학 공부를 꾸준히 해오고 있었다면 교과서 익힘책과 오답노트만 살펴본다거나, 지난번 사회 시험의 경우 문제집만 풀었더니 효과가 별로였다면 이번에는 교과서를 읽고 문제집을 풀어보는 식의 시험준비 방법을 협의

월	화	수	목	금	토	일
11 **수학** 수학익힘책 전부 풀기	**12** **수학** 문제집 1회 이상 틀린 문제 다시 풀기	**13** **수학** 오답 정리 및 다시 풀기	**14** **국어** ❶ 교과서 정독 1/3 ❷ 문제풀이 1/3 ❸ 오답 분석 및 공부	**15** **국어** ❶ 교과서 정독 1/3 ❷ 문제풀이 1/3 ❸ 오답 분석 및 공부	**16** **국어** ❶ 교과서 정독 2/3 ❷ 문제풀이 1/3 ❸ 오답 분석 및 정리노트 작성 ❹ 국어정리 노트 작성	**17** **과학** ❶ 교과서 정독 2/3 ❷ 문제풀이 2/3 ❸ 오답 분석 및 정리노트 작성 주중에 못한 것 보충
18 **과학** ❶ 교과서 정독 ❷ 문제풀이 1/3 ❸ 오답 분석 및 정리노트 작성	**19** **사회** ❶ 교과서 정독 ❷ 문제풀이 1/4 ❸ 오답 분석 및 정리노트 작성	**20** **사회** ❶ 교과서 정독 ❷ 문제풀이 1/4 ❸ 오답 분석 및 정리노트 작성	**21** **사회** ❶ 교과서 정독 ❷ 문제풀이 1/4 ❸ 오답 분석 및 정리노트 작성	**22** **사회** ❶ 교과서 정독 ❷ 문제풀이 1/4 ❸ 오답 분석 및 정리노트 작성	**23** **수학** 오답노트 풀이 **국어** 오답노트 풀이 정리노트 암기	**24** **과학** 문제 오답 풀이, 정리노트 암기 **사회** 교과서 정독, 정리노트 암기 주중에 못한 것 보충
25 **전과목** 총정리 ❶ 정리노트 암기 ❷ 모의문제 풀어보기 ❸ 오답 분석 및 암기	**26** 시험~! 해방이다!!!					

시험 계획에 따른 준비방법과 교재

과목	목표점수	시험범위	시험 준비방법과 교재
국어	100	1, 2과	• 교과서 정독 • 문제집 풀기 • 틀린 문제 이유분석 및 완벽하게 암기 • 정리노트 작성
수학	95	1, 2과	• 수학익힘책 풀기 • 평소에 해오던 수학 문제집에서 한 번 이상 틀린 문제 다시 풀기 • 그래도 틀린 문제는 오답노트 만들고 다시 풀기
사회	90	1~3과	• 교과서 정독 • 문제집 풀기 • 틀린 문제 이유분석 및 완벽하게 암기 • 정리노트 완성
과학	95	56쪽까지	• 교과서 정독 • 문제집 풀기 • 틀린 문제 이유분석 및 완벽하게 암기 • 정리노트 작성

시험 계획표 작성할 때의 주의사항

❶ 계획표를 처음 짤 때에는 자녀의 성향이나 특성, 능력 등에 대한 분석이 쉽지 않아서 계획에 소요될 시간을 예측하기가 어렵다. 따라서 처음 세운 계획을 끝까지 고수하기보다는 중간에 재점검을 하고 수정할 필요가 있다. 그런 과정을 통해 자녀 스스로도 자신의 특성을 파악할 수 있고, 몇 번의 과정을 거치다 보면 혼자 계획표를 작성할 때도 좀

더 정확한 계획을 세울 수 있다.

❷ 아무리 시험기간이라고 해도 고정시간 이외의 가용시간 전부를 공부시간으로 꽉꽉 채우는 것은 좋지 않다. 지키기 어려운 계획은 그만큼 포기할 확률이 높다.

❸ 계획표대로 지켜나가면 좋겠지만, 그렇지 못한 경우가 발생할 수 있다. 계획이 버거워 실천을 다하지 못할 수도 있고, 갑자기 감기에 걸릴 수도 있다. 이럴 때를 대비해서 일요일 오후시간 등을 예비로 비워두는 것이 좋다.

하고, 그것을 계획표에 적어두는 것이다. 그러면 시험공부 방법을 명확히 알 수 있을 뿐만 아니라 공부를 시작할 때 무엇부터 해야 할지를 놓고 망설이는 시간을 줄일 수 있다.

계획표상에 날짜별로 시험공부 과목을 적을 때도 과목 이름만 적을 것이 아니라 구체적으로 적는 것이 좋다. '수학 익힘책 2분의 1', '과학문제집 풀고 오답노트' 이렇게 말이다.

우리 집 아이의 경우는 한 과목을 완전히 마친 후에 다른 과목을 공부하는 것을 좋아해서 과목마다 이해와 문제집 풀이를 동시에 진행했다. 그래서 일찍 해뒤도 비교적 덜 잊어버리는 수학과 국어, 과학 과목을 먼저 하고, 암기할 것이 많은 사회는 제일 마지막에 하도록 구성했다.

또한 시험범위가 많거나 특별히 취약한 과목은 더 많이 공부할 수 있도록 시간을 넉넉히 배치했다. 그리고 시험을 치기 전 3일 정도는 비워두고, 이틀은 두 과목씩 마무리를 하고, 마지막 하루는 총정리를 했다. 결국 과목당 최소 3번은 보도록 계획을 짠 셈이다.

자녀의 성향에 따라 처음 5일은 이해 중심, 다음 5일은 문제풀이 중심, 나머지 4일은 마무리를 할 수 있도록 계획하는 방법도 있다.

종이에 적은 하루 일정, 그 자체가 시간관리다

'내가 로드맵을 작성하기 전에는 아이에게 시간관리를 가르칠 수 없을까?', '로드맵에 목표, 월별, 주간, 일일계획까지, 이걸 도대체 언제 다해!'라는 생각을 할까 싶어 그렇지 않다는 것을 미리 말해둔다.

종이나 포스트잇 한 장으로도 자녀의 시간관리 습관 들이기를 시작할 수 있다. 막막하다면 로드맵이니, 목표니, 주간계획이니 다 접어두고, 아이가 자신의 하루 일정을 적고 실천하는 것부터 시작하자. 이때도 계획 옆에 따로 칸을 두어 실천 여부를 체크(O 또는 X)하게 하면 실천력이 높아진다.

또한, 문제집 한 권을 마치는 기간을 정하고 그것을 날짜로 나누는 것이 당장 힘들다면, 자녀가 하루에 할 수 있는 분량을 중심으로 '문제집 하루에 3장 풀기', 또는 문제집에 단락이 나뉘어져 있는 대로 '1 section씩 매일 하기'로 정해도 된다.

일단 자녀와 부모가 할 수 있는 것에서부터 실천해보자. 자녀의 시간관리 습관은 이 같은 작은 실천에서부터 시작된다.

___월 ___일 ___요일

1. 숙제하기 (   )   4. 복습하기 (   )

2. 준비물 챙기기 (   )   5. 수학 3장 풀기 (   )

3. 예습하기 (   )

피드백은
시간관리의
꽃이다

진주도 꿰어야 보배다

시작이 반이라고 했다. 그렇다면 계획을 수립했다는 것은 목표를 향해 이미 절반을 달려왔다고 할 수도 있겠다. 이제부터는 제대로 실행하고, 실행력을 높일 수 있는 피드백만 잘 활용하면 내 아이가 시간관리의 달인이 되는 것은 시간 문제다.

아무리 멋들어진 계획을 세웠어도 실행이 뒷받침되지 않으면 아무 소용이 없다. 그런데 문제는 실행이 그렇게 쉽지만은 않다는 것이다. 공부하는 습관이 되어 있지 않은 상태에서 계획표만 던져주어서는 실행이 뒷받침되지 않는다. 최소 6개월 정도는 부모가 옆에서 이끌어주어야 한다.

하지만 장담컨대 계획표 작성과 계획표대로 실행하는 습관까지만 들여놓으면 그때부터는 부모가 굉장히 편해진다. 공부하라고 잔소리할 필요도 없고, 시험성적 때문에 속상할 일도 없고, 감당이 되지 않는 학원비 때문에 허리가 휠 일도 줄어든다.

그렇다면, 부모들은 자녀의 계획 실행력을 높이기 위해 무엇을 어떻게 도와줘야 할까?

먼저, 자녀가 계획대로 하고 있는지 끊임없이 관심을 가져주어야 한다. 앞서도 설명했지만, 저학년이든 고학년이든 시간관리를 처음 실천하는 경우라면 매일매일 부모가 확인해주어야 실행에 동력이 붙는다. 그러다 어느 정도 습관이 되었다고 판단되면 그때 가서 3일에 한 번이나 일주일에 한 번 정도로 횟수를 줄이면 된다. 물론 완전히 습관이 잡힌 고학년이라면 아이 스스로 확인이 가능한데, 이때도 가끔 계획표를 들여다보면서 잘하고 있는지를 확인하고 칭찬을 해주자.

두 번째는 부모가 먼저 조급증을 버려야 한다. 계획표를 짜놓고 그대로 실천하지 않는다고 아이를 닦달하면 부모도 지치고 아이도 지친다. 차라리 5가지 중에서 하나만 실천해도, 며칠 계획대로 안 하다가 하루만 계획대로 해도, 칭찬을 해주는 태도를 취하는 게 현명하다.

세 번째는 부모가 포기하지 않으면 자녀도 결코 포기하지 않는다는 것을 명심하자. 계획표대로 생활하는 습관을 들이는 데는 최소 6개월, 길면 1년까지 시간을 잡아야 한다. 그리고 그 기간만이라도 '내 아이는 안 되나 봐', '아이고, 귀찮아. 학원에 맡길까?' 하는 생각을 떨쳐버리자. 부모가 먼저 지치면 아이의 시간관리 습관은 절대로 잡아줄 수 없다.

피드백으로 계획의 실행력을 높여라

계획의 실행력을 높여가기 위해 반드시 필요한 작업은 피드백이다.

'애초에 너무 욕심을 내서 목표를 잡았구나', '전략을 잘못 짜서 열심히 했는데도 목표를 이루지 못했구나', '이 계획은 조금 무리가 있었구나. 계획량을 좀 줄여야겠네', '미리 학교 일정을 알아보지 않고 계획을 잡았구나. 다음부터는 학교 일정도 잘 챙겨야겠네' 등등 목표에서부터 전략, 계획표까지 모두 피드백을 해야 한다.

목표나 전략에 있어서 자녀를 과대평가한 것이라면 기대에 미치지 못한다고 아이를 닦달할 게 아니라 목표나 전략을 수정하는 것이 옳다. 이에 따라 당연히 월간계획에서부터 일일계획까지 수정작업이 이루어져야 한다. 반대로 자녀를 지나치게 과소평가했다면 목표를 높여주고, 계획량을 좀 더 늘리면 된다.

이때 부모가 일방적으로 무엇을 어떻게 수정할지를 결정하는 것은 바람직하지 않다.

'이 계획은 왜 실천하지 못했을까?'

'혹시 목표점수가 너무 높다고 생각되니? 조절을 좀 할까?'

'매일 책 한 권 읽기는 너무 쉽니? 한 권만 더 읽을까?'

이런 의논을 거치다 보면 자녀에 대해 좀 더 구체적으로 파악할 수 있고, 자녀 스스로 계획을 피드백할 수 있는 능력도 길러진다.

방학계획표 작성할 때의 주의점

방학계획표도 기본적으로 앞서 이야기한 것들과 동일한 순서로 작성한다.

❶ 목표 정하기

방학은 부족한 부분을 채우고, 다음 학기를 예습하는 기간으로 활용한다. 그러기 위해 일단 학업성취도평가가 끝난 후 날을 따로 잡아서 자녀와 함께 방학 동안에 실천할 목표에 대해 이야기해보자.

지난 학기 수학 복습하기, 다음 학기 수학 예습하기, 영어 문법 동영상 보고 공부하기, 수영 배우기, 책 50권 읽기, 체험학습 다녀오기 등등 필요에 맞춰 정하면 된다.

❷ 계획표 세우기

평소 계획과 마찬가지로 월간계획, 주간계획, 일일계획표를 작성하면 된다. 이때 일일계획표는 고학년이라 하더라도 주간 일일계획표가 활용하기 편하다.

그리고 40일 등의 방학기간 전체 날짜로 나누는 것보다는 5~6주 등 주 단위로 나누면 긴장감이 달라진다. 40일이라고 하면 방학이 긴 것처럼 느껴지지만 주 단위로 정리하면 방학이 생각만큼 길지 않다는 것을 알게 된다.

❸ 일정한 시간에 일정한 과목 공부하기

학교에 등하교 할 때보다 가용시간이 크게 늘어나기 때문에 일정한 시간에 일정한 과목을 공부하지 않으면 계획을 실천하는 도중에 흐트러지기 쉽다.

학원에 다니지 않았던 우리 집 아이는 고학년이 된 후 오전과 오후에 각각 일정한 시간을 정해 집중적으로 과목별 방학계획을 실천해 나갔다. 예를 들면 10시부터 12시까지 수학 공부하기, 2시부터 4시까지 영어 공부하기, 밤 9시부터 10시까지 책 읽기로 정하고 나머지 시간은 아이의 자율에 맡기면 된다.

아기가 첫발을 뗄 때까지 평균 2,000번은 넘어진다고 '한다.

그렇게 넘어지고 또 넘어지는 아기에게

"너는 왜 그렇게 넘어지기만 하니?

걷는 거 하나 제대로 못하고. 앞으로 어떻게 살래?

다 관 둬. 엄마가 대신 걸어줄 테니깨"라고 말하는 부모는 없다.

넘어져도 잘했다며 환호하고 박수를 보낸다.

아기는 2,000번의 넘어짐과 2,000번의 격려를 통해

걸음마를 배우게 되는 셈이다.

:: 4장 ::
엄마의
꼭두각시로
키우지
마라

'세계 최고'가
되겠다는
꿈을 꾸게 하라

역할모델은 아이의 꿈을 키운다

E. 툴러는 "꿈꾸는 힘이 없는 사람은 사는 힘도 없다"라고 말했다. 마찬가지로 꿈꾸지 않는 아이들은 공부할 힘도 없다. 그래서인지 성공한 사람들의 이야기에서 결코 빠지지 않는 것이 꿈이다. 소위 '공신(공부의 신)'이라고 불리는 사람들이 한결같이 하는 말 역시 꿈을 가져야 한다는 것이다.

김연아 선수의 역할모델이 미셸 콴이라는 것은 잘 알려진 사실이다. 김연아 선수가 미셸 콴을 처음 본 것은 1998년 일본 나가노 동계올림픽에서였다. TV

중계를 통해 미셸 콴의 우아하면서도 파워풀한 연기에 매료된 여덟 살의 김연아는 이때부터 역할모델로 미셸 콴을 가슴에 품었다고 한다.

"막연하게 스케이트 선수가 되고 싶다는 생각을 하던 내게 닮고 싶은 사람이 생긴 것이다. 나는 비디오를 보고 나면 어김없이 거실을 빙판 삼아 한바탕 '스케이트 판'을 벌이곤 했다. 잘 기억나지 않지만 엄마 말씀으로는 마치 내가 미셸 콴이라도 된 양, 주변은 아랑곳하지 않고 미셸을 따라 하는 데 몰두했다고 한다."

김연아 선수가 쓴 《김연아의 7분 드라마》의 내용이다. 역할모델이 생기면 이처럼 잔소리를 하지 않아도 아이들은 스스로 노력하게 된다.

내 딸은 초등학교 2학년 때 꿈이 가수였다. 같은 꿈을 가지고 있던 친구와 매일 우리 집에 와서 노래를 부르고 춤을 연습했는데, 신이 오르면 내 앞에서 공연을 벌이기도 했다. 그 꿈은 꽤 오래 지속되어서 초등학교 4학년 때까지도 가수가 꿈이었다. 아마도 아이 머릿속에는 화려한 스포트라이트와 객석에서 터져 나오는 환호성만이 가득했으리라.

그러던 참에 자신의 꿈을 담은 인생계획표를 짜오라는 학교 숙제가 주어졌다. 나는 '이때다!' 싶어 아이와 마주앉았다. 그리고 가수가 된다면 "세계 최고의 가수가 되어라"라는 덕담과 함께 역할모델로 가수 '비'를 은근슬쩍 추천해주었다. 그리고 스타의 생명력은 그리 길지 않으니 세계 최고의 가수가 되는 과정을 거쳐 세계적인 엔터테인먼트 회사 사장이 되어보는 것은 어떻겠냐고 제안했다. 아이도 할머니가 되어서까지 노래하고 춤추는 것은 이상하다 싶었던지 나의 제안에 꽤 흥미를 보였다. 내친김에 우리는 세계 최고의 가수와 세계적인 엔터테

인먼트 회사 사장이 되려면 어떤 공부가 필요한지에 대해 이야기를 나누었고, 가장 열심히 해야 하는 공부가 영어라는 결론을 이끌어냈다.

영어동화책 듣기를 꽤 오랫동안 했지만, 그때까지도 아이는 정식으로 영어 공부를 하지 않고 있었다. 하지만 인생계획표 숙제를 한 이후부터 누가 시키지 않아도 영어공부에 열심이었다. 꿈이 바뀐 지금도 열심히 영어공부를 하고 있다.

지금 아이의 역할모델은《지도 밖으로 행군하라》는 책으로 유명한 구호활동가 '한비야'이다. 한비야는 딸의 꿈이 의사로 바뀐 이후에 만난 역할모델이다. 물론, 한비야는 의사가 아니다. 하지만 한비야처럼 소외되고 가난한 이웃을 위해 봉사하되 좀 더 실질적이고 전문적인 도움을 주기 위해 의사가 되고 싶다는 꿈을 갖게 되었다.

아이는 '무릎팍 도사'라는 텔레비전 프로를 통해 한비야를 알게 되었다. 그때 그녀는 케냐의 안과의사인 '아산떼'에 관한 이야기를 해주었다. 아산떼는 그 나라의 대통령이 진료를 받으려 해도 며칠을 기다려야 할 정도로 유명한 안과의사인데, 그럼에도 가난한 이웃들이 사는 케냐의 강촌에서 의술을 펼치고 있다는 내용이었다. 아산떼 이야기는 의사를 꿈꾸고 있던 딸에게 신선한 충격과 함께 잔잔한 감동을 주었다. 그 이후 나는 1950년에 월남하여 이듬해부터 부산에 복음병원을 세워 행려병자를 치료했던 장기려 박사의 전기집을 아이에게 선물했다.

자녀의 꿈이 무엇인지 이야기를 나눠보자. 그리고 그 꿈에 가장 적합한 역할모델이 어떤 사람이고, 그들이 어떤 길을 걸어왔는지, 어떻게 성공했는지를 조사해보자. 가능하다면 그 인물이 살아온 삶을 자세히 들여다볼 수 있는 인물이면 더 좋다. 아이 스스로 닮고 싶은 인물을 가슴에 새기는 것만큼 확실한 동기 부여는 없다.

어떤 꿈인가보다 꿈의 크기가 중요하다

아이들이 꾸는 꿈은 가끔 엉뚱할 때가 많다. 그러다 보니 부모를 만족시키지 못하는 꿈도 많다.

"애가 큰 차를 운전하는 버스기사가 되고 싶다는데, 싫은 내색을 할 수도 없고 어떻게 해야 할지 모르겠어요."

"우리 애는 평범한 회사원이 되고 싶대요. 다른 애들은 대통령이다, 과학자다, 의사다 하며 멋진 꿈을 꾸는데 우리 애는 왜 그럴까요?"

"우리 애는 요리사가 되고 싶다면서 제가 식사 준비를 할 때마다 자기가 거들겠다고 나서요. 저도 모르게 '가서 공부나 해!'라고 소리를 질렀지 뭐예요."

모든 아이들이 부모들 마음에 드는 직업을 갖게 된다면 아마 우리나라에는 의사나 판검사, 외교관, 과학자밖에 없을 것이다. 그만큼 부모들이 원하는 자녀의 장래희망은 천편일률적이다.

어떤 꿈을 꾸느냐가 물론 중요하다. 하지만 그보다 중요한 것은 꿈의 크기를 키우는 것이다. '최고'의 버스기사, '최고'의 회사원, '최고'의 요리사가 되는 꿈을 꾸고, 그 꿈을 이루기 위해 무엇을 해야 하는지를 구체적으로 탐색해보게 하자.

"버스기사가 되고 싶구나! 엄마는 네가 이 세상에서 가장 유명하고 많은 사람들에게 도움이 되는 버스기사가 되었으면 좋겠구나. 그런 버스기사는 어떤 사람일까? 그런 사람이 되려면 지금부터 뭘 해야 할까?"라고 대화를 이끌어보자.

한비야를 역할모델 삼아 의사의 꿈을 꾸던 딸아이가 언젠가 '제빵사'가 되고 싶다고 한 적이 있다.

"엄마, 내가 만든 빵을 먹고 사람들이 행복해하면 가슴이 떨릴 것 같아. 나, 제빵사가 돼야겠어."

솔직히 나는 '제빵사'라는 딸의 꿈이 썩 마음에 들지 않았다. 하지만 어쩌랴, 아이가 되고 싶다는데……. 그래서 나는 아이와 '최고의 제빵사가 되기 위해서는 어떤 길을 걸어야 할지에 대해 오랜 시간 대화를 나누었다.

"늘 말했던 것처럼, 엄마는 네가 어떤 직업을 갖든 그 분야에서 최고가 되었으면 좋겠어."

그리고 우리는 최고의 제빵사가 되는 길을 찾기 위해 인터넷을 샅샅이 뒤졌다.

"프랑스 유학도 가야 하는 거구나. 그럼 불어를 공부해야겠네. 고등학교 때부터 불어 공부를 해두면 아무래도 더 도움이 되겠지? 그럼 외국어고등학교에 갈까?"

아이와 나는 이런 대화를 주고받았다. 그리고 최고의 제빵사가 되기 위해 지금 해야 할 가장 중요한 일은 공부라는 결론을 얻었다.

아이는 커가면서 계속해서 꿈이 변해갈 것이다. 성인이 되어서 어떤 꿈을 펼치게 될지는 아무도 모른다. 하지만 어떤 꿈을 꾸든, 지금 아이에게 필요한 것은 '공부를 하는 것'이다. 어떤 분야에서든 '최고'가 되고 싶다면 지금 자신에게 주어진 일에서도 '최고'가 되어야 할 것이다.

아이의 꿈이 탐탁찮더라도 아이의 꿈을 크게 키워주자. 세계 최고가 되는 과정은 결코 녹록지 않다. 그것이 어떤 직업이든, 아무리 하찮은 일이라도 결국 세계 최고가 되려면 그에 따른 최고의 노력이 있어야 하기 때문이다.

꿈이 없다는 아이, 부모의 문제일 수 있다

마을도서관에 있다 보면 많은 아이들과 이런저런 이야기를 나누게 된다. 한번은 제 나이 또래보다 독서력이 좀 더 높은 남자아이와 이야기를 나눌 기회가 있었다.

"이렇게 두꺼운 책을 네가 보니?"

"예."

"대단한걸. 빌 게이츠도 어릴 때 책을 많이 읽었다는데, 너도 빌 게이츠처럼 훌륭한 사람이 되겠구나. 그런데 넌 커서 뭐가 되고 싶어?"

"되고 싶은 거, 별로 없는데요."

"(순간 나는 꽤 난감해졌다) 음, 그렇구나. 이것저것 되고 싶은 게 많아서, 아직 결정을 못한 모양이구나?"

"아니요. 진짜로 되고 싶은 게 없어요. 그냥 엄마 아빠가 시키는 거 할까 해요."

꿈과 목표가 없는 아이들의 특징을 몇 가지 살펴보면, 우선 부모가 억압형 부모인 경우가 많다. 부모의 생각과 의지대로 아이를 재단하는 억압형 부모는 아이의 꿈마저도 재단하려는 경향이 있다.

그리스 신화에 나오는 프로크루스테스는 지나가는 행인을 잡아다가 자기 침대에 묶어 놓고 그의 키가 침대보다 짧으면 늘여서 죽이고, 길면 잘라서 죽였다. 그래서 프로크루스테스의 침대는 아집과 편견, 독선을 상징한다. 부모들 중에 자기 기준에 맞지 않는다는 이유로 아이의 꿈을 늘리거나 줄여서 없애는 사람들이 있다. 그런 프로크루스테스형 부모 밑에서는 자신만의 꿈을 키우는 행복한 아이가 자랄 수 없다.

꿈이 없는 아이들의 또 다른 특징은 아이가 꿈꿀 시간이 없을 만큼 바쁘다는 것이다. 요즘 아이들은 정말로 바쁘다. 다양한 경험과 활동을 해봐야 자신이 무엇을 잘하는지를 깨달을 수 있고, 앞으로 무엇을 하고 싶은지를 고민할 수 있을 텐데, 그럴 시간이 절대적으로 부족하다. 학교 갔다 와서는 이런저런 학원으로 내몰리고, 학원 갔다 와서는 학교와 학원 숙제만으로도 하루가 벅차다. 꿈꿀 시간이 없는 아이들의 하루는 꼭두각시 인형과 다를 바 없다. 아이들은 해야 할 필요성을 깨닫고 하는 공부가 아니라 부모가 하라니까 어쩔 수 없이 공부를 하고 있는 것이다. 결국 공부 흉내를 내고 있는 셈이다.

아이의 꿈을 재단한 적도 없고, 꿈꿀 시간이 없을 정도로 아이가 바쁜 것도 아닌데 아이에게 꿈이 없다면 아이의 '자기이해지능'을 살펴볼 필요가 있다.

1983년 다중지능 이론을 발표한 하워드 가드너^{H. Gardner}는 인간은 8가지 이상의 지능을 갖고 있다고 밝혔는데, 그중의 하나가 자기이해지능이다. 자기이해지능은 자신의 감정을 이해하고 자신과 관련된 문제를 잘 풀어내는 능력을 가리키는데, 이 지능이 높은 사람은 자신의 감정에 충실할 뿐만 아니라, 삶의 목표를 세우는 능력과 목표를 달성하기 위한 자기 절제력이 뛰어난 것으로 알려져 있다.

　가드너는 인간의 다중지능은 환경과 교육, 사회적 경험 등을 통해 얼마든지 성장·발전할 수 있다고 보았다. 또한 자기이해지능은 부모의 교육방식에 따라 얼마든지 활성화될 수 있고, 반대로 억압될 수도 있다. 내 아이를 자기이해지능이 높은 아이로 키우고 싶다면 아이 스스로 꿈이나 목표를 설정하게 하고, 그것을 위해 노력하는 습관을 길러주어야 한다. 아울러 칭찬과 대화, 인정 등을 통해 자신의 강점을 아이 스스로 긍정할 수 있도록 이끌어주어야 하며, 이런 과정을 통해 자기존중감을 높여가야 한다.

꿈이 있는 아이는
목적의식을 가지고
공부한다

파울로 코엘료의 소설 《연금술사》는 160여 개 나라에서 총 1억 부가 넘게 팔리면서 '20세기의 영적 구도서'라는 평가를 받고 있다. 양치기 산티아고가 보물을 찾겠다는 간절한 소망을 이뤄가는 과정을 담은 이 책에는 이런 말이 나온다.

"무언가를 간절히 원할 때 온 우주는 자네의 소망이 실현되도록 도와준다네."

무언가를 간절히 원한다는 것은 무엇일까? 그 답은 산티아고가 연달아 두 번을 꾼 꿈속에 있다. 산티아고는 자신의 양들과 놀고 있는 낯선 아이에 대한 꿈을 꾼다. 꿈속에서 아이는 이집트의 파라미드를 보여주며 "만일 당신이 이곳에 오게 된다면 당신은 숨겨진 보물을 찾게 될 거예요"라고 말한다. 보물을 찾아 길을 떠난 이후에도 산티아고는 자신이 양을 치던 시절에 꾼 이 꿈을 영화처럼 생생하게 기억했고, 결국 꿈에서 보았던 이집트의 파라미드에 당도해 보물을 찾게 된다.

딸아이와 나는 '꿈 그리기 놀이'를 자주 한다.

그 놀이는 이루고 싶은 것, 하고 싶은 것, 성취하고 싶은 것이 있을 때 명상을 하듯이 바닥에 앉아 눈을 감고 그 장면을 떠올려보는 것이다. 지금은 혼자서 꿈 그리기 놀이를 해보라고 해도 잘하는데, 처음에는 내가 최면술사처럼 장면을 유도해주었다.

"지금 네가 교실에 앉아 있어. 선생님이 채점한 사회 시험지를 나눠주시네. 선생님 얼굴을 한번 보렴. 선생님이 너를 향해 환하게 웃고 있어. 와우, 시험지에 100점이라고 커다랗게 적혀 있는걸. 선생님이 '이번에 사회 성적이 많이 올랐구나. 열심히 공부한 모양이네'라고 말씀하셔. 너의 얼굴이 반짝반짝 빛나고 있어. 가슴은 쿵쾅쿵쾅 두방망이질을 치고 있구나."

딸이 가장 싫어하는 과목이 사회여서, 우리는 시험을 앞두고 종종 이런 꿈 그리기 놀이를 했다.

"네가 학교 방송실의 카메라 앞에 서 있어. 전교생들이 방송을 통해 너를 보고 있구나. 너는 떨리는 손을 꼭 움켜쥐고 선거 연설을 시작하고 있어. 떨지 않기 위해서 두 눈을 부릅뜨고 있는데 그 모습이 너무 똘똘해 보여. 네가 차분하면서도 열정적으로 연설을 하니까, 방송을 보지 않고 떠들던 아이들까지도 조용히 너의 연설을 듣고 있네. 드디어 너의 연설이 끝났구나. 방송실에 있던 선생님과 친구들까지 모두 너의 연설에 감동을 했나 봐. 크게 박수를 치네."

딸이 전교회장단 선거에 나가겠다고 했을 때도 아이의 용기를 북돋워주기 위해 이처럼 꿈 그리기 놀이를 했다. 이 책을 읽는 대부분의 부모들이 '어색하고, 쑥스럽고, 나는 말도 잘 못하는데'라고 생각할 것이다. 나도 처음에는 그랬다. 하지만 아이를 위해서라고 생각하면 세상에 못할 게 없다.

꿈이 이뤄지는 과정을 영화처럼 상상하게 되면 없던 의욕도 생겨난다. 파울로 코엘료가 《연금술사》에서 말했던 것처럼 마치 온 우주가 그 꿈을 이룰 수 있도록 도와주는 듯한 착각이 드는 것이다. 생각해보라. 온 우주가 돕고 있다는데 세상에 이루지 못할 꿈이 어디 있겠는가!

《공부가 가장 쉬웠어요》를 쓴 장승수 변호사는 한 신문 인터뷰에서 이렇게 말했다.

"한창 식당에 물수건을 배달하던 스무 살 때 '서울대 1등'이 저를 일으켜 세웠습니다. 1등을 하는 꿈만 생각하면 눈물이 나고 가슴이 두근거렸죠. 아무리 힘들어도, 1등을 해서 서울대 정문에 들어가는 상상만 하면 가슴이 얼마나 설렜는지 몰라요."

아이를 꿈꾸게 하고, 그 꿈의 크기를 키워주고, 꿈을 영화처럼 그리게 해주자. 아이에게 그만한 성장 자극제는 없다.

'꿈 목록표'를 기록하게 하라

한동안 인기를 끌었던 드라마 탓인지 최근 자기만의 '버킷 리스트'를 작성하는 사람들이 늘었다고 한다. 버킷 리스트는 '죽기 전에 해야 할 일' 정도로 해석할 수 있는데, 꿈 목록표라고 해도 무방하다.

꿈 목록표 작성으로 가장 유명한 사람은 탐험가이자 인류학자이며 다큐멘터리 제작자이기도 한 존 고다드다. 열일곱 살의 존 고다드는 비 오는 어느 날 식탁에 앉아 127개의 꿈 목록을 써내려갔는데 그 가운데 111개의 꿈을 성취했고, 그 후에도 500여 개의 꿈을 더 성취해냈다고 한다. 실제의 그의 꿈 목록표에는 탐험가와 인류학자로 살고 싶어했던 그의 꿈이 그대로 반영되어 있다. 게다가 그 내용은 단순히 항목을 나열하는 데에 그치지 않고 탐험할 장소, 역사문화 답사지, 등반할 산 등이 구체적으로 빼곡히 적혀 있다.

아직 자신의 꿈이 분명하지 않은 아이들에게 존 고다드와 같은 구체적인 목록표를 만들라고 강요할 수는 없다. 자녀의 연령대에 따라 꿈 목록표에 담기는 내용과 수준은 다를 수밖에 없기 때문이다.

초등학교 저학년이라면 ❶ 상장 많이 받기, ❷ 반에서 회장 되기, ❸ 동생과 잘 놀아주기, ❹ 수학 100점 받기 등이 될 것이고, 꿈에 대해 어느 정도 생각할 줄 아는 고학년이라면 ❶ 세계 최고의 가수 되기, ❷ 세계 여러 도시에서 콘서트를 열어 세계일주 하기, ❸ 세계일주를 위해 5개국어 배우기, ❹ 세계 최고가 되려면 지금도 최고가 되어야 하므로 반에서 1등 하기 등이 될 수 있을 것이다.

이때 주의할 점은 아이의 꿈 목록표에 어떤 내용이 들어가건 그것에 대해 부모가 '평가'하거나 '재단'하지 말아야 한다는 것이다. 꿈 목록표를 작성하는 첫 번째 이유는 꿈에 좀 더 가깝게 다가가기 위해서지만, 두 번째 이유는 꿈을 향한 기대감을 키워 내 아이의 가슴이 뛰도록 만들기 위해서이기 때문이다.

이렇게 작성한 꿈 목록표는 6개월에 한 번(방학 이용) 또는 1년에 한 번 업그레이드해주자. 이렇게 6년 동안 작성한 꿈 목록표는 그 자체로 아이에 대한 좋은 기록이 될 뿐만 아니라, 자녀의 속마음을 깊이 들여다볼 수 있는 기회가 될 것이다.

존 고다드의 꿈 목록표

| 탐험할 장소 |

1. 이집트의 나일 강(세계에서 제일 긴 강)

2. 남미의 아마존 강(세계에서 제일 큰 강)

3. 아프리카 중부의 콩고 강

4. 미국 서부의 콜로라도 강

5. 중국 양자 강

6. 서아프리카 니제르 강

7. 베네수엘라의 오리노코 강

8. 니카라과의 리오코코 강

| 원시문화 답사 |

9. 중앙아프리카의 콩고

10. 뉴기니 섬

11. 브라질

12. 인도네시아의 보르네오 섬

13. 북아프리카의 수단

   (존 고다드는 이곳에서 모래폭풍을 만나 산채로 매장당할 뻔했다)

14. 호주 원주민들의 문화

15. 아프리카의 케냐

16. 필리핀

17. 탕가니카(현재의 탄자니아)

18. 에디오피아

19. 서아프리카의 나이지리아

20. 알래스카

.... 중간 생략 ....

| 해낼 일 |

111. 셰익스피어, 플라톤, 아리스토텔레스, 찰스 디킨스, 헨리 데이빗 소로우, 에드가 앨런 포, 루소, 베이컨, 헤밍웨이, 마크 트웨인, 버로우즈, 조셉 콘라드, 톨스토이, 헨리 롱펠로우, 존 키츠, 휘트먼, 에머슨 작품 읽기

112. 바흐, 베토벤, 드뷔시, 자크 이베르, 멘델스존, 랄로, 림스키코르사코프, 레스피기, 리스트, 라흐마니노프, 스트라빈스키, 차이코프스키, 베르디의 음악 작품들과 친숙해지기

113. 비행기, 오토바이, 트랙터, 윈드서핑, 권총, 엽총, 카누, 현미경, 축구, 농구, 활쏘기, 부메랑 분야에서 우수한 실력을 갖출 것

114. 음악 작곡

115. 피아노로 베토벤의 '월광곡' 연주하기

116. 불 위를 걷는 것 구경하기

   (발리 섬과 남미의 수리남에서 구경했다)

117. 독사에서 독 빼내기

   (이 과정에서 사진을 찍다가 등에 마름모무늬가 있는 뱀에게 물렸다)

118. 영화 스튜디오 구경

119. 폴로 경기하는 법 배우기

120. 22구경 권총으로 성냥불 켜기

121. 쿠푸(기제의 대피라미드를 세운 이집트의 제4왕조의 왕)의 피라미드 오르기

122. 탐험가 클럽 가입

123. 걷거나 배를 타고 그랜드 캐니언 일주

124. 배를 타고 지구를 일주할 것

125. 달 여행("신의 뜻이라면 언젠가는!")

126. 결혼해서 아이들을 가질 것

127. 21세기에 살아볼 것

공부하는 이유를 납득시켜라

"엄마, 공부는 왜 해야 해?"라고 자녀가 묻는다면 당신은 어떤 대답을 하겠는가?

'잘 먹고 잘 살기 위해서'라고 대답한다면 부모로서 너무 모양새 빠지는 일이고, '훌륭한 사람이 되기 위해서'라고 하면 뜬구름 잡는 얘기로 들릴 것이다. 하지만 이 질문에 대한 답을 찾지 못하면 공부를 해야 할 목적도 찾을 수 없는 만큼, 어렵더라도 부모 나름대로 답을 준비하는 수밖에 없다.

언젠가 내 딸도 "엄마, 공부는 왜 해야 해?"라고 물은 적이 있다. "누가 이렇게 힘들고 지겨운 시험을 만들어낸 거야!"라고 항의를 하기도 했다.

이때 내가 준비한 대답은 세 가지였다.

첫 번째는 '사는 것이 곧 공부고 시험이란다'였다. 사람들은 누구나 평생 동안 새로운 것을 배우고 시험을 치르면서 살아간다고 말해주었다. 그래서 그 새로운 것을 배울 수 있는 힘, 새로운 것을 배우는 데 기초가 되는 지식과 판단력을 지금 배우고 있다고 대답해줬다.

두 번째는 '인생에 공짜는 없기 때문이란다'였다.

"세상에 공짜는 없단다. 네가 현명하고 똑똑한 사람이 되기를 원한다면, 네가 가지고 있는 꿈을 이루고 싶다면, 앞으로 네가 활동할 분야에서 최고가 되기를 원한다면 지금부터 열심히 공부해야 한단다."

수많은 직업들 중에서 대학 졸업 수준의 지식이 있어야만 하는 직업이 전체의 40퍼센트라고 한다. 공부를 하면 직업 선택의 폭이 그만큼 넓어지고 꿈을 이

룰 수 있는 가능성도 커진다.

세 번째는 '배워서 남 주기 위해서'였다.

"나는 네가 다른 사람들에게 도움을 주는 삶을 살았으면 좋겠어. 물론 배우지 않아도 얼마든지 남을 도우면서 살아갈 수 있겠지만, 전문적인 지식을 필요로 하는 봉사들도 많단다. 네가 꿈꾸는 의사도 전문적인 지식을 가져야 하잖니? 그 지식을 어려운 사람들을 돕는 데 쓴다면 정말 멋진 삶을 살 수 있지 않을까?"

학교 다닐 때 선생님들이 공부를 열심히 하라는 의미로 '배워서 남 주니?'라는 말씀을 많이 하셨다. 그러나 성인이 되면서 나는 '배워서 남을 줄 수 있는 삶' 이야말로 배운 사람이 실천해야 할 사회적 책무가 아닐까 생각해왔다. 나는 내 아이가 그런 삶을 살기를 희망한다.

그리고 아이에게 얘기해준 '공부해야 하는 이유'와는 별개로, 자기주도학습을 가르치고, 꿈을 꾸게 하고, 스스로 공부를 즐기도록 유도한 이유는 기나긴 인생살이에서 참으로 중요한 '성실성'을 키워줄 수 있는 훈련이 된다고 믿기 때문이다.

나는 성실함도 일종의 훈련이라고 본다. 현재에 성실한 사람만이 미래에도 성실할 수 있고, 또 성실한 사람만이 자신의 꿈을 이룰 수 있다고 믿는다.

학창시절에 실천해야 할 최고의 성실함은 열심히 공부하고 열심히 노는 것이다. 부모들은 자녀에게 "놀 땐 놀고 공부할 때는 공부하라"는 말을 자주 한다. 놀 때 놀고, 공부할 때 공부하는 것이 바로 성실이다. 반대로 놀 때 공부 걱정하고, 공부할 때 놀고 싶어서 안달하는 것이 불성실이다.

더구나 공부는 그 자체만으로도 성실함의 결정체라고 할 수 있다. 아무리 머리 좋은 사람이라도 공부의 결과는 노력한 만큼만 나온다. 성실하지 않고는 절대로 좋은 성적을 거둘 수 없는 것이다.

특히 초등학교 때는 성실성이 발달하는 시기이다. 공부는 성실성을 키울 수 있는 아주 훌륭한 도구인 점을 감안해 다양한 공부법을 시도해보는 것도 현명한 부모들의 자세라 할 수 있다.

작은 습관이 모여
큰 꿈을
완성한다

아이의 자존감을 높여줘라

"그거 하나도 제대로 못하니?"

"내 그럴 줄 알았다. 네가 하는 일이 다 그렇지?"

"엄마가 시키는 대로 할 것이지, 왜 매번 네 마음대로 해서 일을 이 지경으로 만들어놓는 거야?"

"네가 해봐야 또 엉터리로 할 거잖아? 이리 내. 엄마가 해줄 테니까."

많은 부모들이 무의식적으로 내뱉는 이런 말과 행동은 자녀의 무의식 속에 큰 트라우마로 남는다. 많은 부모들이 자녀의 행동을 지적하고 바로잡는 것을 훈육이라고 생각하는데, 실제로는 행동을 바로잡는 것이 아니라 아이가 행동을 못하게 만드는 우를 범하고 있다.

왜 부모들은 자녀에게 사사건건 간섭하고 타박하고 잔소리를 하는 것일까? 왜 그것을 훈육이고 교육이라고 생각하는 것일까?

자존감이란 자기 자신을 긍정적이고 가치 있는 존재로 받아들이는 정도를 말하는데, 수많은 연구와 실험결과 자존감이 큰 아이일수록 학업성적이 우수하고, 긍정적인 확신을 가지고 과제에 임한다고 한다.

'난 뭘 해도 안 돼!', '내가 과연 새로운 이 일을 잘해낼 수 있을까?'라는 생각을 하는 사람과 '난 할 수 있어', '좀 힘들긴 하겠지만 까짓 거 해보지 뭐'라고 생각하는 사람 중에서 어느 쪽이 성공에 더 가까이 갈까? '나는 멋지고 똑똑해'라는 확신이 있는 아이와 '내 주제에 잘 되겠어?'라고 의심하는 아이 중에서 어느 쪽이 공부를 더 잘하겠는가?

장기적으로 보면, 학업성적이 우수한 아이가 자존감이 높은 것이 아니라 자존감이 높은 아이들이 학업성적이 좋다. 꿈을 이룬 사람이 자존감이 높은 것이 아니라 자존감이 높은 사람이 꿈을 성취한다는 말이다. 지금 당장은 시험점수가 조금 낮고 꿈에서 한 발짝 멀어져 있는 것 같더라도 자존감이 높으면 포기하거나 좌절하지 않기 때문에 끝내는 꿈을 이루어 낸다. 하지만 학업성적만 좋고 자존감이 낮은 아이들은 작은 실패 앞에서도 '역시, 내가 이럴 줄 알았어' 하고 바로 좌절해버린다.

마틴 셀리그만은 '학습된 무기력 learned helplessness'이라는 실험으로 유명한 심리학자이다. 그는 갇혀진 공간에서 끊임없이 개에게 전기 충격을 주다가 나중에 도망갈 수 있는 공간을 만들어주었을 때 어떻게 반응하는지를 실험했다. 그 결과 갇혀진 공간에서 전기 충격에 길들여진 개는 도망칠 수 있도록 한쪽 벽을 터주어도 달아날 생각을 하지 않았다. 학습된 무기력이 얼마나 무서운지를 보여주는 실험이 아닐 수 없다. 이 실험에서 셀리그만은 '무기력과 패배의식은 타고나는 것이 아니라 학습된다'는 결론을 이끌어냈다.

자녀를 두고 이렇게 하소연하는 엄마들이 많다.

"우리 애는 언제나 '싫어', '안 해'라는 말부터 시작해요."

"도무지 만사에 의욕이 없어요."

"우리 애는 너무 소극적인 것 같아요. 새로운 것을 시작할 때는 얼굴에 불안감이 가득해요."

물론 아이의 타고난 성격 자체가 소극적일 수도 있다. 하지만 셀리그만의 실험을 대입해 자녀의 이런 반응이 학습된 무기력이나 학습된 패배의식은 아닌지를 유심히 들여다볼 필요가 있다. 무심결에 자녀에게 무기력과 패배의식을 심어주는 말을 하지는 않았는지, 자녀의 선택에 사사건건 간섭하지는 않았는지, 작은 성공은 보잘것없다고 말해오지는 않았는지 되돌아봐야 한다는 말이다. 무기력과 패배의식을 학습시켜놓고 자녀가 자신감을 갖기 바라고, 스스로의 능력을 믿기를 바라고, 큰 꿈을 꾸기를 바라는 것은 아이를 물에 밀어넣은 뒤에 몸에 물 한 방울 묻히지 않고 그곳에서 걸어나오기를 기대하는 것과 같다.

미국의 심리학자인 아브라함 매슬로우는 인간의 욕구를 5단계로 분류했다. 1단계와 2단계는 생리적 욕구와 안전에 대한 욕구이고, 3단계는 애정과 소속에 대한 욕구, 4단계는 자기존중의 욕구, 마지막 5단계는 자아실현의 욕구이다. 여기서 중요한 포인트는 하위 단계가 충족되지 않으면 상위 단계로의 욕구로 나아가지 못한다는 점이다. 다시 말하면 자기존중의 욕구가 채워지지 않으면 자아실현의 욕구가 일어나지 않는다. 따라서 자녀가 꿈을 꾸고 그 꿈을 이루고 싶다는 자아실현의 욕구를 갖기를 원한다면 부모들은 먼저 하위 단계인 자기존중의 욕구를 채워주어야 한다.

성공의 '맛'을 알게 하라

심리학자에 따라 자존감을 정의하는 말이 조금씩 다르지만, 기본적으로 자신이 갖고 있는 능력에 대한 자기확신이 자존감의 바탕이 된다. 그렇다면 어떻게 해야 내 아이에게 자기확신을 통한 자존감을 심어줄 수 있을까? 그것은 바로 성공한 경험의 축적과 칭찬이다.

시험성적만 놓고 이야기해보자. 성공이라고 하면 거창한 성공과 어려운 과제의 완수를 떠올리는 부모들이 많다. 100점을 맞고 1등을 해야 그것이 성공이라고 생각하는 것이다. 그래서 평소에 수학성적이 80점이었던 아이가 90점으로 올라도 "이번에도 두 개를 놓친 거야? 그거 안 틀렸으면 100점이잖아!"라고 쉽게 말해버린다. 이때 아이는 두 개를 틀렸기 때문에 실패를 경험하는 것이 아니라, 자그마치 10점이나 올린 성적을 인정받지 못했기 때문에 실패와 좌절감을 경험하는 것이다.

"이번에 10점이나 올랐네? 열심히 하더니 성적이 정말 좋아졌구나. 멋진걸!"

부모의 이런 반응을 들은 아이들은 '다음번에는 더 열심히 해야지. 그럼 언젠가는 100점을 받을 수 있을 거야'라고 생각하게 된다. 이것이 바로 작은 성공의 경험이다. 공부에서의 성공은 시험성적 그 자체가 아니라 '부모의 인정'이라는 것을 기억하자. 그리고 이러한 성공에 대한 인정들이 쌓이고 쌓여 이뤄지는 것이 바로 공부에 대한 자존감이다.

숙제를 혼자 힘으로 해낸 것, 준비물을 스스로 챙긴 것, 해답을 보지 않고 어려운 수학문제를 끝까지 풀어낸 것, 단 1점이라도 성적이 오른 것, 힘든 상황에 처한 친구를 도와준 것 등 어떤 것이라도 상관없다. 열 번 잘 못하다가 한 번 잘한 것이라도 괜찮다. 칭찬의 순간을 잘 포착해 칭찬해주는 것만으로도 자녀는 성공에 대한 경험을 축적시켜나갈 수 있다.

작은 실패는 성공의 어머니다

아이가 고무동력 비행기를 만들고 있다. 댓살에 얇은 종이날개를 붙이기 위해 풀칠을 하는데, 지켜보는 엄마 눈에는 아무래도 어설프다.

엄마 A : 그러다 날개를 완전히 망치겠네. 그렇게 풀로 덕지덕지 바르면 어떻게 해? 종이끼리 서로 뭉쳐버리잖아. 이거 하나 제대로 못하고. 이리 내봐! 엄마가 해줄 테니까.

엄마 B : 풀칠하기가 쉽지 않은 모양이구나. 한쪽 손으로는 종이날개를 쫙
펴서 누르고, 다른 손으로 종이날개의 풀칠 선을 따라 풀칠을 해보
렴. 그럼 종이끼리 뭉치는 일이 줄어들 거야.

엄마 A와 B 가운데 당신은 어느 쪽 부모에 해당하는가?

요즘에는 자녀의 크고 작은 실패를 용납하지 못하는 부모들이 부쩍 늘었다. 그들을 가만히 지켜보면 자녀의 실패를 자신의 실패로 받아들이는 듯하다.

아기가 첫발을 뗄 때까지 평균 2,000번은 넘어진다고 한다. 그렇게 넘어지고 또 넘어지는 아기에게 "너는 왜 그렇게 넘어지기만 하니? 걷는 거 하나 제대로 못하고, 앞으로 어떻게 살래? 다 관 둬. 엄마가 대신 걸어줄 테니까!"라고 말하는 부모는 없다. 넘어져도 잘했다며 환호하고 박수를 보낸다. 아기는 2,000번의 넘어짐과 2,000번의 격려를 통해 걸음마를 배우게 되는 셈이다.

그런데 자녀의 연령대가 높아지면서 이런 격려의 목소리가 점점 줄어든다. 초등학교라도 입학하게 되면 아예 격려 자체가 사라지는 경우도 많다. 시험문제 하나에 언성을 높이고, 상장 하나에 목숨을 건다. 그러면서 자녀로부터 정말 중요한 것을 빼앗고 있다는 것을 인식하지 못한다. 그것은 바로 '자존감'이다.

80점이던 수학성적이 70점으로 떨어진 경우를 생각해보자.

"왜 성적이 70점으로 떨어진 거야? 공부를 제대로 하긴 한 거야?"

이 말을 들은 아이는 수학공부를 열심히 해야겠다는 의지력이 떨어지고 만다. '난 역시 안 돼'라는 좌절감을 느끼고, 자존감에도 큰 상처를 입는다. 결과적으로 부모는 도전보다 포기가 더 쉽다는 것을 가르치고 말았다.

172

"열심히 공부했는데 성적이 떨어져서 속상하겠구나. 하지만 엄마는 네가 열심히 공부했다는 사실이 더 중요하다고 생각해. 공부란 게 원래 첫술에 배부를 수는 없는 거란다. 지금 당장은 네가 노력한 게 표가 나지 않아도, 머잖아 그것이 너의 실력으로 만들어질 거야. 내 말을 믿어도 좋아!"라고 격려해주자. 아이의 자존감을 지켜주고 싶다면 성공했을 때보다 실패했을 때, 결과보다는 과정에 초점을 맞춰서 칭찬해주어야 한다.

오래전에 무엇이 사람들로 하여금 고통을 참게 만드는지를 알아보는 실험이 있었다. 심리학자들은 맨발인 사람들이 얼음물이 담긴 양동이에서 얼마나 오래 서 있을 수 있는지를 측정했다. 실험결과 오직 한 사람만이 다른 사람들보다 두 배나 더 오래 서 있었는데, 그 사람 옆에는 "지금 잘하고 있다"라고 격려해주는 친구가 있었다.

월트 디즈니는 사람을 세 가지 부류로 분류했다.

첫 번째는 '독약 같은 사람'이다. 사람의 기를 꺾고, 창의성을 짓밟으며, "너는 안 돼"라는 말을 입에 달고 다니는 사람이다.

두 번째는 '잔디깎기 기계 같은 사람'이다. 열심히 자기 집 잔디를 깎기는 하지만 다른 사람을 돕기 위해 그 잔디밭을 내주지는 않는 부류로, 자기가 필요한 것만 돌보는 사람이다.

세 번째는 '삶을 윤택하게 하는 사람'이다. 다른 사람의 삶을 더욱 윤택하고 풍요롭게 하는 일에 기꺼이 손을 내밀고, 그들에게 용기와 영감을 불어넣어주는 사람이다.

아이를 대하는 당신의 태도는 이 중 어떤 부류에 속하는가?

"너는 안 돼", "너는 왜 그 모양이니?", "형 좀 닮아라" 같은 말을 입버릇처럼 하는 부모도 그 속내를 알고 보면 자녀가 잘 되기를 바라는 마음에서 내놓는 말이다. 그러나 이 한 가지를 기억해야 한다. 비난조의 잔소리는 내 자녀에게 '독약'이 된다는 것을.

진심으로 자녀의 삶이 윤택해지기를 바란다면 격려와 용기, 그리고 영감을 불어넣어주자. 성공했을 때는 물론이고 실패했을 때도 자녀는 부모의 격려가 필요하다. 오히려 실패했을 때 더 많이 다독여주고 격려해주자.

전설적인 홈런왕 베이브 루스는 714개의 홈런을 치기 위해 1,330번의 삼진 아웃을 당했다. 자녀에게 실패를 해도 괜찮다는 믿음을 주자. 어깨를 두드려주면서 실패를 격려해줄 때 아이들은 포기 대신 도전의식과 희망, 그리고 자신감을 갖게 된다.

남자아이들이 보이는 여러 가지 특성 가운데 하나가 승부욕이다.

남자아이들이 여자아이들에 비해 스포츠에 관심이 많은 것도,

레벨을 올리는 게임에 열광하는 이유도 다 승부욕 때문이다.

이러한 특성을 활용한 시간관리법으로

승부욕을 자극하는 방법을 추천하고 싶다.

'수학문제 누가 먼저 푸는지 엄마랑 내기 해볼래?'와 같은

좀 유치한 승부를 겨뤄서라도 시간관리 습관을

잡아줄 필요가 있다.

:: 5장 ::

생활습관이
좋은 아이가

공부습관도
좋다

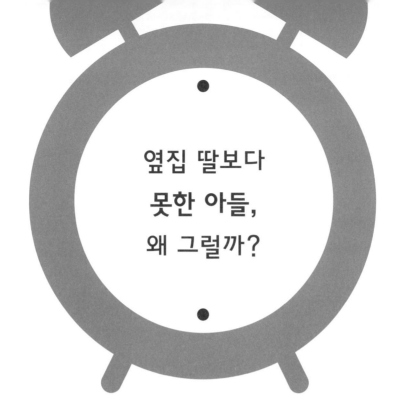

옆집 딸보다
못한 아들,
왜 그럴까?

우리 아들은 왜 옆집 딸보다 공부를 못할까?

호진이 엄마는 친하게 지내는 아파트 단지 엄마들끼리 모여 차를 마시다가 아들과 딸의 차이에 관해 이야기를 나누었다.

"딸 둘에 아들 하나면 금메달, 딸 둘이면 은메달, 딸 하나 아들 하나면 동메달, 아들 둘이면 목메달이래. 요즘 우리 집 두 아들을 보면 딱 맞는 말 같아."

"우리 큰애 내년이면 중학생인데, 남녀공학 배정 받으면 어쩌나 걱정이야. 요즘 여자애들이 워낙에 똑똑하잖아."

"요즘 남자애들이 너무 경쟁력이 없는 것 같아."

호진이 엄마는 자기 집만 생각해도 그 말이 영 틀린 말은 아닌 것 같았다. 초등학교 4학년인 아들이 두 살이나 어린 여동생에게 확실히 뒤떨어지는 것 같기 때문이다.

집에 돌아와 아이들 책상 정리를 하던 호진 엄마는 결국 인상을 쓰고 말았다. 어제 처음으로 초등학교 4학년인 아들과 2학년인 딸에게 주간 일일계획표를 만들어주면서 똑같이 앉혀놓고 이것을 왜 세우는지, 어떻게 활용하는지에 대해 설명을 했었다. 그런데 하루가 지난 지금 아들과 딸의 모습은 극명한 대조를 보였다.

딸아이는 엄마가 일러준 대로 주간 일일계획표 요일 칸 아래에 정확히 동그라미를 치고, 단면파일에 끼워 책꽂이 맨 앞쪽에 단정히 꽂아두었다. 그에 반해 아들의 주간 일일계획표는 책들 사이에 아무렇게나 끼워져 있었고, 여기저기에 로봇도 그려져 있었다.

"초등학교 4학년이나 된 녀석이 어떻게 2학년짜리 동생보다 못한 건지 원."

아들과 딸은 기질부터 다르다

불과 얼마 전까지만 해도 남자가 여자보다 더 똑똑한 것으로 인식되었다. 대학 입학시험의 수석합격자도 남자였고, 1990년대 중후반까지만 해도 서울대학교의 남학생 비율이 70퍼센트 이상을 차지했다. 하지만 이런 상황은 2000년대

들어 조금씩 바뀌기 시작하더니, 지금은 부모들이 아들이 남녀공학 중학교에 진학하는 것을 꺼리는 시대가 되었다.

국가 수준의 학업성취도평가에서도 여학생의 평균성적이 남학생보다 월등하다. 2009년 중학교 3학년의 과목별 기초학력 미달 비율을 보면, 국어과목에서 남학생은 7.0퍼센트, 여학생은 2.2퍼센트였고, 남자아이들에게 유리하다고 인식되고 있는 수학과목에서조차 남학생이 12.0퍼센트, 여학생은 9.1퍼센트로 집계됐다.

요즘 우리 사회에서는 이런 현상에 대한 의견이 분분하다. 한 신문의 '우리 아들은 왜 옆집 딸보다 공부를 못할까'라는 기사를 보면 학자들마다 원인 진단이 제각각이다. '남자아이들이 유혹에 약하기 때문이다', '시험은 본질적으로 여성에게 유리하다', '여교사가 많아서 그렇다', '아버지가 바빠서다' 등 남녀의 생물학적인 차이에서부터 사회·교육 환경과 성별 역할에 대한 인식변화 등 복합적이고 종합적인 결과로 분석하고 있다.

한발 더 나아가 심리학자이자 의학자인 레너드 삭스는 남자아이와 여자아이의 교육법부터 달라져야 한다고 말한다. 특히 그는 '청력'에 포인트를 둔다. 그가 쓴 《남자아이 여자아이》를 보면 '소년 소녀의 청력 차이를 고려하지 않는 성별 중립적인 교육이야말로 남녀 학생 모두가 부당한 대우를 받고 있다는 결정적인 이유 중 하나'라고 밝히고 있다. 남자아이들은 태어날 때부터 여자아이들보다 청력이 떨어진다고 한다. 그런 차이를 모른 채 남자아이들에게 조근조근 말해봐야 소용이 없다는 것이 삭스 박사의 주장이다.

남자아이들은 자신의 눈을 보지 않고 하는 말은 흘려듣는 경향이 있다. 그것을 모른다면 엄마가 딸에게 말하듯이 이야기해봤자 입만 아프다. 따라서 아들에게 해야 할 일을 일러줄 때는 아이의 눈을 똑바로 응시하면서 정확하고 명료하게 말해야 한다. 가령, 계획표를 작성해 실천하게 할 때에도 아들의 눈을 바라보면서 정확하게 말해야 하고, 그것을 실천하지 않았을 경우에 돌아올 책임까지도 확실히 말해주는 것이 좋다.

남자아이, 승부욕을 자극하라

남자아이들이 보이는 여러 가지 특성 가운데 하나가 승부욕이다. 남자아이들이 여자아이들에 비해 스포츠에 관심이 많은 것도, 레벨을 올리는 게임에 열광하는 이유도 다 승부욕 때문이다.

이러한 특성을 활용한 시간관리법으로 승부욕을 자극하는 방법을 추천하고 싶다. '수학문제 누가 먼저 푸는지 엄마랑 내기 해볼래?'와 같은 좀 유치한 승부를 겨뤄서라도 시간관리 습관을 잡아줄 필요가 있다.

또한, 남자아이들은 시간이 제한된 과제가 주어질 때 더 활기를 띤다는 연구 결과가 있다. 따라서 '수학 3장 풀기' 대신에 '30분 안에 수학 3장 풀기'처럼 구체적으로 시간 제한을 주는 방법이 좋다.

남자아이의 역할모델은 아버지

앞서 한 신문이 제시한 남자아이들이 여자아이들보다 공부를 못하는 이유 중에 '아버지들이 바쁘기 때문'이라는 이유가 있었다. 물론 여자아이 교육에 있어서도 아버지의 역할이 필요하지만 남자아이를 교육하는 데는 특히 아버지 역할이 중요하다. 남자아이의 역할모델은 어머니가 아니라 아버지이기 때문이다. 따라서 어머니가 시간관리 습관을 제시하는 것보다는 아버지가 제시하는 편이 더 긍정적이다.

많은 연구결과들이 여성과 남성은 다르다고 말한다. 여성이 틀리거나 남성이 틀린 것이 아니라 둘은 그냥 다를 뿐이라는 것이다. 그럼에도 우리 어머니들은 아들이 보여주는 특성을 여성과 다른 특성으로 보지 않고 일탈행위라고 단정하는 경우가 많다. 아들이 좀처럼 어머니의 말을 듣지 않아 속을 끓이고 있다면 아버지들이 적극적으로 나서서 아들의 말을 들어주자. 어머니의 백 마디 잔소리보다 훨씬 더 긍정적인 효과를 보게 될 것이다.

생활습관이
엉망인 아이는
시간관리도 엉망이다

좋은 생활습관이 좋은 공부습관을 낳는다

공부습관은 전반적인 생활습관과 매우 밀접하게 관련되어 있다. 매일 늦잠을
자서 아침식사도 못하고 허둥지둥 뛰어나가는 지각대장, 숙제도 제대로 해가지
않는 말썽쟁이, 엄마가 잠시만 자리를 비워도 금세 한눈을 파는 아이라면 공부
를 잘할 리 만무하다.

일단 아이의 생활습관이 잡혀 있지 않다고 판단된다면 공부습관에 대한 욕심
은 잠시 미뤄두고 생활습관부터 바로잡아야 한다. 예를 들어, 지각하는 습관을

고치자면 일단 평소보다 일찍 일어나게 해야 한다. 그러기 위해선 취침시간을 일정하게 유지해야 한다.

이때 주의할 것은 이것저것 욕심을 내기보다는 자녀가 갖고 있는 잘못된 생활습관 가운데 가장 시급하게 고쳐야 할 점이 무엇인지를 판단해서 그 한 가지에 주력하는 것이다. 그러기 위해서는 자녀와 마주앉아 고쳐야 할 문제점들에 대해 이야기를 나누고, 그중에서 하나를 골라 실천계획을 짜야 한다.

"숙제를 해가지 않았을 때 선생님께 혼나면 어떤 기분이 드니?"

"친구들한테 부끄럽고 속상해요."

"그래. 엄마도 그럴 것 같구나. 엄마는 다른 건 몰라도 네가 숙제만큼은 꼭 해갔으면 좋겠어. 선생님께 혼나는 네 모습을 상상하면 정말 속이 상하거든."

"알았어요. 숙제는 꼭 해갈게요."

"그래. 그리고 앞으로는 네가 숙제를 하는 동안 엄마가 네 옆에서 책을 읽으려고 해. 엄마가 자리를 뜨면 네가 금세 딴 생각을 하는 것 같아서 그래. 계속 그러겠다는 건 아니고, 숙제를 해가는 게 완전히 습관이 될 때까지만 그럴게. 그래도 괜찮겠니?"

생활습관은 톱니바퀴와 같다. 하나의 생활습관이 바르게 잡히기 시작하면 다른 습관들도 제자리를 찾게 된다. 숙제를 하지 않던 아이가 숙제를 해서 선생님께 칭찬 받게 되면 더 많은 칭찬을 받기 위해 지각을 안 하게 되고, 준비물도 잘 챙기게 되는 것이다. 이처럼 자신이 꽤 괜찮은 아이라는 자부심이 생기면 다른 것들도 함께 좋아진다. 생활습관이라는 톱니바퀴가 완전히 제자리를 잡게 되면 공부습관을 들이는 것은 그리 어려운 일이 아니다.

시간감각, 타이머로 익혀라

자신이 좋아하는 일을 할 때의 30분과 싫어하는 일을 할 때의 30분은 느낌상 엄청난 차이가 난다. 컴퓨터게임을 하거나 텔레비전 볼 때의 1시간은 10분처럼 느껴지지만, 공부할 때의 1시간은 반나절처럼 느껴진다.

어른들 생각에는 아이가 초등학생이 되면 시간감각이 저절로 생길 것 같지만, 실제는 그렇지 않다. "30분만 놀고 공부할게요"라고 철석같이 약속해도 대부분의 아이는 약속을 지키지 못한다. 노는 것이 훨씬 더 재미있는 상황에서 30분은 3분처럼 느껴지기 때문이다.

나는 아이의 시간감각을 익혀주기 위해 타이머를 활용했다. 처음에는 컴퓨터 사용시간을 지키게 하기 위해 사용했는데, 나중에 아이는 공부할 때도 타이머를 활용하는 응용력을 보여주었다. 아이는 지금도 50분 공부하고 10분 쉬는 공부습관을 가지고 있는데, 그 시간을 지키기 위해 타이머를 활용한다. 물론 아이가 타이머를 사용하기로 결정한 이유는 딱 50분 공부하고 쉴 시간에 정확히 쉬기 위해서였을 것이다. 하지만 결과적으로 더 큰 소득을 얻었다. 50분 동안 자신이 공부할 수 있는 양이 어느 정도인지까지 알게 된 것이다.

시간감각을 익히는 것은 생활습관을 바로잡는 것뿐만 아니라 시간관리 습관의 기초를 다지는 데도 큰 도움이 된다.

자기 일을 스스로 챙기게 하라

스스로 공부하는 습관은 공부습관에서 가장 중요한 목표이다. 따라서 스스로 알아서 하는 힘을 키워주기 위해 부모의 도움이 꼭 필요한 경우가 아니라면 책가방과 준비물을 직접 챙기게 하고, 혼자 힘으로 숙제를 하도록 하며, 책상을 직접 정돈하게 해야 한다.

여기서 주의할 점은 아이 스스로 알아서 하도록 유도하라는 것이지, 했는지 안 했는지 관심도 주지 말라는 얘기가 아니다.

"스스로 하게 내버려뒀더니, 숙제를 아예 안 해가요."

"책가방과 준비물을 스스로 챙기라고 했더니 교과서도 빠트리고 가고, 준비물도 빼먹고 가요. 그래서 제가 체크를 안 할 수가 없어요."

"도대체 언제까지 따라다니면서 챙겨줘야 하는지 모르겠어요."

이런 경우라면 아이의 나이나 학년과 상관없이 숙제를 다 했는지, 가방과 준비물을 잘 챙겼는지 확인해줄 필요가 있다. 단, 부모가 일일이 챙겨주기보다는 아이가 챙긴 가방을 슬쩍 확인해서 빠트린 것을 상기시켜주는 것이 좋다.

집중력을
높이면
성적이 달라진다

내 아이의 집중력부터 점검하라

책상에 앉은 지 5분쯤 지났을까? 아이는 몸을 이리 비틀었다 저리 비틀었다, 엉덩이를 들었다 놨다 하며 잠시도 가만히 있지를 못한다. 게다가 문제집을 풀기로 했는데 쓸데없이 이 책 꺼냈다 저 책 꺼냈다 산만한 모습에 엄마는 눈살을 찌푸리고 만다.

"왜 가만히 못 있고, 엉덩이에 종기 난 강아지마냥 끙끙거리는 거야?"

"내가 언제?"

"언제는? 지금도 그러고 있잖아."

"엄마, 이거 너무 어려워."

"어렵긴 뭐가 어려워? 아랫집 동우는 그 문제집 벌써 다 풀었대."

입을 삐쭉이며 다시 문제를 풀던 아이는 살며시 엄마를 돌아보며 묻는다.

"엄마, 트랜스포머 할 시간 안 됐어?"

"아직 20분 남았으니까, 열심히 풀어. 그거 다 풀어야 프랜스포머 보여줄 거야."

"그럼 트랜스포머 끝난단 말야."

"20분 안에 다 풀면 되잖아."

"20분 만에 이걸 어떻게 다 풀어?"

"어쨌든 트랜스포머 보고 싶으면 20분 안에 그거 다 풀던가, 아님 못 봐!"

"엄마, 나빠!"

지나치게 어려운 과제는 집중력을 떨어뜨린다

아이의 모습을 가만히 지켜보자. 언제 집중력을 발휘하는가? 아마도 아이가 재미있어 하고 좋아하는 일을 할 때일 것이다. 반대로 집중력이 크게 떨어질 때는 지겹고 하기 싫은 일을 할 때이다. 아이에게 공부는 후자에 해당될 것이다. 특히 싫어하거나 어려워하는 과목을 공부할 때는 더욱 그럴 것이다.

책 읽기를 아주 싫어하는 어른도 재미있는 소설책은 참고 읽을 수 있다. 하지만 도통 무슨 말인지 이해할 수 없는 법전이라면 어떨까? 한 페이지도 못 넘기고 꾸벅꾸벅 졸게 되지 않을까?

아이들도 마찬가지다. 아이의 집중력이 떨어진다면 주어진 과제가 아이의 수준에 비해 지나치게 높은 것은 아닌지 살펴볼 필요가 있다.

특히 목표관리 능력이나 집중력, 도전의식 등을 훈련하는 초기에는 지나치게 어려운 것보다는 자녀가 쉽게 접근할 수 있는 것부터 차근차근 시작해야 한다.

딸이 두 자릿수 나누기를 배울 때였다. 두 자릿수 나누기는 어림수를 짐작해야 하기 때문에 또래의 많은 아이들이 어려워하는 부분이다. 그런데 교과서나 익힘책에 나와 있는 문제 수가 많지 않아 그것만으로는 조금 부족해보였다. 이때 나는 두 자릿수 나누기를 연습시키기 위해 한 자릿수 나누기 문제가 대부분이고 간간히 두 자릿수 나누기가 섞여 있는 연산 문제집을 구입해줬다. 아이의 자신감도 키워주고 집중력도 높여주기 위해서였다.

그리고 딸이 "이젠 두 자릿수 나누기도 잘할 수 있겠어"라는 반응이 나왔을 때 두 자릿수 나누기만 담긴 연산 문제집을 구입해주었다. 그 덕분에 한 자릿수와 두 자릿수 나누기가 함께 담긴 문제집은 20페이지도 채 안 풀고 버려야 했지만 나는 그것이 전혀 아깝지 않았다. 내 아이에게 자신감과 집중력을 불어넣어주었는데, 책값 몇천 원이 아깝겠는가!

초등학교 때는 학습의 진도나 속도는 중요하지 않다. 집중력이 길러지지 않은 상태에서의 진도나 속도는 모래 위에 쌓는 모래성에 불과하다. 집중력을 키워주겠다고 마음먹었다면 엄마의 욕심은 일단 접어두자. 옆집 아이가 무슨 문제집을 얼마나 풀든 그 역시 신경 쓰지 말아야 한다. 대신에 오랫동안 깊이 집중할 수 있는 것에 포인트를 두고 자녀를 지도해야 한다.

수학시험 연습은 스톱워치를 활용하라

시간감각이 크게 떨어지는 아이들은 지겨운 공부 앞에서는 5분이 50분처럼 느껴지기 마련이다. 더구나, 공부를 끝낸 후에 자신이 너무나 좋아하는 일을 할 수 있다면 더더욱 노심초사하게 된다. '엄마가 못 보게 하려고 일부러 시간을 안 알려주면 어떻게 하지?', '엄마가 깜빡해서 만화가 끝나버리면 어쩌지?' 하는 생각까지 더해지면 도저히 공부에 집중할 수가 없게 된다.

물론 타이머를 맞춰두면 초기에는 타이머 시간을 들여다보느라 오히려 더 집중하지 못할 수도 있다. 그러나 이 방법이 어느 정도 익숙해지면 타이머가 알아서 정확한 시간을 알려준다는 믿음을 갖게 되어 해야 할 공부에 완벽하게 집중할 수 있게 된다.

참고로 부엌용 오븐 타이머처럼 시간이 역산으로 계산되는 타이머나 스톱워치는 별로 권하고 싶지 않다. 딸은 중학교에 간 지금에야 스톱워치를 사용하고 있다. 그것도 평소에는 별로 사용하지 않고, 시험을 앞두고 수학 모의고사를 풀 때만 사용한다. 중학교 수학시험은 시간이 모자라서 문제를 다 풀지 못하는 경우가 종종 있기 때문이다. 스톱워치를 사용해 문제를 풀고 나면 아이는 거의 기진맥진한다. 지나친 긴장은 이처럼 역효과를 불러올 수 있다.

공부는 항상 일정한 장소에서 하게 하라

일이든 공부든 집중력과 끈기에 따라 성과가 달라진다. 공부를 잘하는 아이들을 살펴보면 공부하는 장소가 일정하게 정해져 있고, 그곳에 앉으면 바로 집중 모드로 돌입한다. 개에게 일정한 소리를 들려주면서 먹이 주기를 반복하면 그 소리만 들어도 침을 흘리게 된다는 '파블로프의 개(조건화 과정)' 실험처럼 아이의 뇌 속에 그 장소를 공부하는 장소로 각인시켰기 때문이다.

특히, 공부하는 장소는 가능하면 '공부'라는 단어와 직결되는 '책상'이 좋다. 만약 책상을 공부하는 공간으로 정했다면 그 책상에서는 만화책을 본다거나 게임을 하는 등 공부 이외의 활동은 하지 않도록 하자. 책상에만 앉으면 자동적으로 집중할 수 있는 신호를 만들기 위해서다.

뭘 하든 용두사미가
되는 아이,
습관이 문제다

목표실행을 위한 전략이 필요하다

결심이 습관으로 이어지려면 결심을 실행에 옮길 수 있는 전략이 필요하다. '예습복습을 하자'가 아니라 예습은 어떻게 하고, 복습은 어떻게 할 건지, 예습 복습을 제대로 했는지를 어떻게 확인할 것인지를 계획해야 한다는 말이다.

'예습을 하자'는 계획 대신에 '예습은 그 전날 교과서를 읽고 이해가 잘 안 되는 부분에 밑줄을 긋자'라고 정하거나, '사회과목은 어려운 단어가 많으니까, 예습으로 어려운 단어를 찾아서 교과서에 적어두자'와 같이 공부전략을 세우는 것이다.

자녀의 계획이 용두사미가 되는 것은 자녀에게 문제가 있는 게 아니다. 평소에 예습복습을 하지 않던 아이가 어느 날부터 갑자기 예습복습을 척척 해낼 수는 없는 노릇 아닌가! 뭔가 새로운 결심을 했을 때는 그 결심을 확실히, 그리고 좀 더 수월하게 실천할 수 있는 전략이 필요하다. 그 전략을 세울 때 부모의 도움이 필요하다.

목표와 전략을 눈에 잘 띄는 곳에 붙여라

아이들 대부분은 놀이방법은 비상하게 기억하면서도 공부방법은 잘 기억하지 못하는 경향이 있다. 더욱이 하기 싫은 공부를 할 때는 이런저런 잔꾀를 부리면서 자기 방식대로 대충대충하는 경우가 많다.

이런 점을 예방하기 위해서는 목표와 전략을 문서화해서 자녀의 눈에 잘 띄는 곳에 붙여두라고 권하고 싶다. 예를 들어 나는 포스트잇에 공부방법을 적어

〈매일 예습복습 하기〉

예습 : ❶ 배울 부분 교과서 읽기
　　　 ❷ 이해 안 되는 부분에 밑줄 긋기
복습 : ❶ 배운 부분 교과서 읽기
　　　 ❷ 이해 안 되는 단어나 내용은 국어사전이나 백과사전 찾아보기
　　　 ❸ 참고서에 있는 문제 풀기

주간 일일계획표나 스터디 플래너에 붙여주곤 했다.

계획표를 만들어 ○, ×로 표시하게 하라

다음에 할 일은 계획표를 짜는 일이다. 앞서도 말했지만, 처음 공부습관을 들일 때는 주간 일일계획표가 좋다. 주간 일일계획표에 구체적으로 할 일을 적고 매일매일 했는지 안 했는지를 ○나 ×표로 표시를 하는 것이다. 그리고 이 계획표를 잘 보이는 곳에 붙여두자. 아이가 그것을 볼 때마다 자신이 세운 계획을 상기하고, 실천해야겠다는 의지를 다지도록 하기 위해서다.

하지만 습관이 완전히 들기 전까지는 계획표에 제대로 체크를 한 날보다 하지 않은 날이 더 많을 것이다. 이에 대해 꾸짖거나 비난해서는 안 된다. 제대로 하지 않은 날이 제대로 하는 날보다 많은 것은 이제 겨우 초등학생인 아이에게는 지극히 정상적인 일이다. 그러니 부모의 기대치에 미치지 못하는 것은 너무 당연하다. 그래도 칭찬거리를 찾아 격려해주는 게 우리 부모들의 몫이다.

"네가 노력하고 있는 모습이 참 보기 좋구나."

"벌써 이틀이나 계획대로 했구나. 정말 멋진걸!"

작은 노력에 대한 큰 칭찬은 더 큰 노력을 위한 지렛대가 된다는 것을 유념하자.

실천을 못하는 아이, 수정하는 법을 가르쳐라

무리한 계획, 안 세우니만 못하다

아이는 이제 막 출발선에 서 있는데, 부모 마음은 이미 100미터 앞을 달리고 있는 것이 우리나라 교육의 현실이다. 다른 아이들은 이미 저만치 앞서가는 것 같고 내 아이만 뒤떨어진 것 같은 불안감에 무리한 계획을 세워 몰아붙이는 것이다. 그러나 그렇게 마음만 앞서는 계획은 역효과만 불러오기 십상이다.

넘치는 열정으로 하루 이틀 정도는 무리한 계획을 소화할 수 있다. 그러나 어른들도 무리를 하면 몸과 마음이 지치기 마련인데, 아이인들 오죽하겠는가? 차츰 계획이 밀리기 시작하고, 확인란에 ○보다는 ×표가 많아지는 것을 보면서 아이는 '나는 의지가 약한가 봐. 역시 나는 안 돼' 같은 패배의식에 빠지고 만다.

세상에서 가장 하기 싫은 일이 무엇인지 아이들에게 물어보라. 열에 아홉은 공부라고 대답할 것이다. 그런 공부를 습관으로 만들자면 가랑비에 옷 젖듯이 해야 한다. 가랑비에 옷이 젖다가 언젠가는 '에라 모르겠다' 하고 물속으로 뛰어들게 만들어야 한다는 말이다. 공부도 마찬가지다. 크게 힘들이지 않으면서, 끝마치면 엄마에게 크게 칭찬 받을 수 있는 것 하나를 정해 매일매일 하도록 이끌어보자. 그러기 위해 처음에는 주간 일일계획표에 그 한 가지 계획만 적어서 실천하도록 해보자. 보통 하나의 습관이 익숙해지는 데는 평균 21일이 걸리고 완전히 습관으로 자리 잡는 데는 6주 정도가 걸린다고 한다. 그 원리를 참고해 어느 정도 습관이 잡혔다고 판단되었을 때 두 가지, 세 가지로 차츰 항목을 더해가면 된다.

이때 주의할 점은 자녀가 할 수 있는 역량의 80퍼센트까지만 계획을 늘려야 한다는 것이다. 성취감은 계획을 실천하고 공부를 더 열심히 하게 하는 최고의 엔돌핀이기 때문이다.

아이보다 먼저 포기하지 마라

계획표를 세우고 실천하는 일은 부모와 자녀 모두에게 쉽지 않은 일이다. 계획표를 세우기만 하면 그때부터는 자녀의 공부습관이 일취월장할 것 같지만,

막상 시작해보면 그렇지가 않다. 목표니, 전략이니, 계획이니 거들어줘야 할 일이 얼마나 많은지, 부모조차도 처음 시작할 때의 의욕이 점점 사라지면서 귀찮아지게 마련이다. 게다가 아이까지 잘 따라와주지 않으면 '역시 우리 애는 안 되나 봐. 우리 애는 의지력이 부족한 것 같아'라며 안 해도 될 잔소리까지 하게 된다.

사실 시간관리법을 가르칠 때 가장 조심해야 하는 게 자녀의 의지가 아니라 부모의 의지다. 실제로 아이보다 부모가 먼저 포기하는 경우가 더 많기 때문이다. 숙제 봐주랴, 공부의 부족한 부분을 채워주랴, 그렇잖아도 할 일이 태산인데 시간관리법까지 가르쳐야 하는지 회의가 불쑥불쑥 밀려올 것이다. 그러다 보면 어느새 시간관리에 해이해져 아무것도 하지 않고 있는 자신과 아이를 발견하게 된다.

자녀가 시간관리를 포기하는 것은 당연한 일이다. 아직 습관이 되지 않았기 때문이다. 하지만 시간관리법을 가르치겠다고 맘먹고 실천에 옮긴 부모라면 자녀의 습관이 완전히 자리를 잡을 때까지 인내심을 가지고 끝까지 도와주자.

계획을 수정하고 보완하는 법을 가르쳐라

자녀가 열심히 했는데도 불구하고 계획표를 실천하지 못했을 때 부모는 실망을 할 게 아니라 계획표를 점검하고 재조정을 해주어야 한다. 부모 생각에는 하루에 열 가지를 할 수 있을 것 같았지만, 자녀가 다섯 가지밖에 할 수 없다면 잔

가지를 쳐내서 진짜 집중할 것에 몰입할 수 있게 해야 하는 것이다.

공부는 마라톤과 같다. 처음부터 전력질주를 해서 1킬로미터도 못 가 주저앉는 것보다는 조금씩 꾸준히 달려서 완주하는 것을 목표로 해야 한다.

저학년 자녀를 둔 부모라면 자녀가 한 가지 과제를 시작해서 끝내는 데 얼마만큼의 시간이 걸리는지를 체크해보자. 그것을 계획표에 반영해서 재조정하면 되는 것이다.

고학년 자녀를 둔 부모라면 한 가지 과제를 시작하기 전에 자녀로 하여금 시간이 얼마나 걸릴지를 예측하게 해보자. 그리고 과제를 마친 후에 실제로 걸린 시간과 얼마나 차이가 나는지를 점검해보자. 이렇게 몇 번만 하면 자녀 스스로 시간감각을 익히게 되고, 나중에 아이 혼자서 계획표를 짜야 할 시점이 되었을 때도 큰 도움이 된다.

플래너 사용을
어려워하는 아이,
시간계획부터 가르쳐라

플래너를 완전히 채워야 한다는 생각을 버려라

키즈플래너나 스터디플래너는 하나하나 계획표를 그려야 하는 수고를 덜 수 있는데다, 잘만 활용하면 목표에서부터 전략, 계획까지 일목요연하게 실천할 수 있게 구성되어 있다는 장점이 있다. 때문에 키즈플래너나 스터디플래너는 시간관리 도구이면서 목표관리 도구가 될 수 있다.

하지만 계획표 작성에 익숙하지 않은 부모나 자녀에게는 플래너의 온갖 목표관리 도구들이 구속처럼 느껴질 수 있다. 평범한 사람들 중에는 다이어리 한 권도 처음부터 끝까지 써본 적이 없는 경우도 많다. 처음 새해가 시작될 때 부푼 가슴을 안고 다이어리를 샀다가 깨끗한 채로 연말을 맞는 경우가 얼마나 많은가.

나는 딸아이가 초등학교 3학년이던 시절에 처음 플래너를 사 주면서 다른 부분들은 그냥 비워두고 일일계획표만 적도록 했다. 아이의 1년치 계획과 한 달, 일주일 계획은 나의 플래너 속에 있었다.

물론 계획은 목표, 전략, 계획 순으로 세워야 하고, 자녀와의 대화를 통해 목표와 전략을 짜고, 그 목표를 다시 월간, 주간, 매일의 순서로 나누는 것이 정석이다. 하지만 그것에 너무 얽매이게 되면 지나친 부담감으로 버거울 수 있다. 때문에 플래너 중에서 자녀에게 필요한 부분이나 부담 없이 할 수 있는 부분부터 활용하도록 권해야 한다. 그것만 해도 아이는 플래너를 50퍼센트 이상 활용하는 셈이다.

플래너는 시간계획 습관이 잡힌 후에 활용하라

처음 플래너를 사용할 때는 어른들도 막막해한다. 그런데 어린 자녀가 단번에 플래너를 멋지게 활용하기를 기대하는 것은 우물가에서 숭늉을 찾는 것과 다를 바 없다.

'이것이 있으면 도움이 되겠지' 하는 막연한 생각으로 플래너를 구입하지 말고, 플래너를 사용하는 목표를 부모가 먼저 분명히 해야 한다. 플래너가 자녀의 꿈이나 미래를 구체화하는 데 큰 도움이 될 것이라는 판단이 섰을 때 사용해야 효과를 볼 수 있다는 말이다.

플래너는 어느 정도 시간계획에 대한 습관이 잡힌 후에 활용해야 효과를 볼 수 있다. 그 전에는 주간 일일계획표가 오히려 더 유용하다. 딸은 1, 2학년 2년 동안 주간 일일계획표를 세우는 습관을 들여서 시간관리가 어느 정도 몸에 익은 상태였다. 그럼에도 불구하고 3학년 때 플래너 작성을 시작했을 때 완전히 몸에 익기까지는 한 달이 넘게 걸렸다.

포기하지 않도록 용기를 복돋워줘라

처음에는 플래너를 잘 사용하다가도 며칠이 못 가서 흐지부지 되는 경우가 많다. 습관이 되어 있지 않은데다 하루 이틀 잊어버리다 보면 지레 귀찮아지기도 하는 탓이다. 이럴 때는 자녀를 다그치거나 나무라지 말고, 지난 날짜는 비워둔 채 다시 시작할 수 있도록 용기를 북돋워줘야 한다.

"와, 우리 딸, 일주일 중에서 이틀이나 플래너를 적었네. 조금만 더 노력하면 다음 주에는 사흘 정도는 적을 수 있겠는걸. 앞에 다섯 쪽은 비워두고 그다음 장부터 다시 시작해볼까?"

작심삼일도 100번이면 일 년이라고 했다. 자녀가 중간에 포기하지 않고 새롭게 결심을 다잡을 수 있도록 격려해주고, 작은 것 하나라도 잘한 점은 찾아 칭찬해주는 노력이 필요한 이유이다.

지금 행복한 아이가
미래에도 행복하다!

에필로그

나는 아이의 멘토가 되고 싶다

"공짜로 아이를 키우시네요!"

딸이 어릴 때 주위 사람들에게 자주 듣던 말이다.

아이가 초등학교에 입학하기 전에 나는 따로 글자나 숫자를 가르치지 않았고, 학습과 관련한 어떤 사교육도 시키지 않았다. 그것은 초등학교에 입학한 후에도 마찬가지였다. 태어나면서부터 사교육을 받는다는 우리나라에서 남들 눈에 나는 '방치형 부모'에 가까웠을 것이다. 하지만 오히려 나는 극성엄마다. 교육문제에 있어서 조금 다른 형태의 극성을 떨었을 뿐이다.

나는 내 아이와 함께 보내는 시간, 함께 놀아주는 시간에 대부분의 에너지를 쏟았다. 이를테면, 가나다라와 ABCD를 가르칠 시간에 인생은 즐겁다는 것을 가르쳤고, 다른 아이들이 학습지를 풀 시간에 함께 책을 읽었으며, 다른 아이들이 학원에 몰려갈 시간에 우리는 수다를 떨며 함께 뒹굴었다. 만약 그 시절로 다시 돌아간다 해도 나는 그렇게 딸을 키울 것이다.

많은 사람들이 나에게 묻는다.

"어쩜 그렇게 느긋하게 아이를 키우세요?"

몰라서 하는 소리다. 나는 누구보다 안달하며 딸을 키운다.

요즘 '코치형 부모'라는 말이 유행하는데, 나는 그런 부모를 넘어 내 딸의 멘토이고 싶다. 코치형 부모와 멘토형 부모는 약간의 차이가 있다. 코치는 목표에 도달하기 위한 동기부여와 기술을 전수하는 사람이다. 그래서 코치형 부모는 자녀의 과업을 세분화하여 단계에서마다 성과를 올리도록 구체적인 기술을 전수하거나 피드백을 해준다. 그러나 멘토는 코치를 넘어서 역할모델까지 포함하는 사람이다. 따라서 멘토형 부모라면 자녀가 닮고 싶고, 따르고 싶을 만한 훌륭한 인격과 윤리의식을 갖추어야 한다. 아울러 자녀에 대한 사랑은 기본이고 합리적이고 논리적이며 일관된 태도를 갖고 있어야 한다. 한마디로 자녀를 지도하는 것이 아니라 감화시킬 수 있어야 한다. 자녀가 그런 부모의 삶을 본보기 삼아 삶의 방향을 잡고 흔들림 없는 인생을 개척해 나간다면 부모로서 그보다 기쁜 일은 없을 것이다.

스스로 공부할 수 있는 아이로 키운 진짜 이유

내가 아이에게 시간관리법을 가르친 이유는 멘토형 부모가 되고 싶은 나의 소망과 맞닿아 있다.

첫째, 나는 딸과 더 많은 시간을 함께하고 싶었다.

품 안의 자식이라는 말이 있다. 내 품을 떠나기 전에 나는 딸과 함께 더 많은 시간을 보내고 싶었다. 그런데 나는 직장 때문에 바쁘고, 딸은 학원 때문에 바쁘다면 함께할 시간이 많이 부족할 것 같았다.

물론 저학년 때는 좀 낫겠지만, 고학년이 되면 내가 퇴근하고도 한참이 지나야 딸이 집에 올 것이라 생각하니, '아이와 함께할 수 있는 시간'을 학원에 뺏겨서는 안 되겠다는 생각이 들었다. 그래서 시간관리를 통한 스스로 공부법을 가르치기로 한 것이다. 나는 아이가 시간관리만 할 수 있다면 굳이 학원에 보내지 않아도 공부는 저절로 할 것이라고 믿었다.

둘째, 너무 솔직한 고백인지 모르지만 나는 정말 사교육비가 아까웠다.

한국보건사회연구원이 2009년에 내놓은 '한국인의 자녀양육 책임한계와 양육비 지출 실태'에 따르면 지난 2001년을 기준으로 출생 후 대학졸업까지 자녀 한 명에게 지출되는 총 양육비가 2억 6,000만 원을 상회한다. 이 가운데 초등학교에서부터 고등학교까지 들어가는 양육비가 1억 3,980만 원으로 총 양육비의 절반을 넘었는데, 그 30퍼센트 이상이 사교육에 들어가는 것으로 조사되었다.

나는 돈을 좀 적게 들이면서 아이를 잘 키울 수 있는 방법을 고민했는데, 그 답이 바로 스스로 공부하는 '자기주도학습'이었다. 그 기초작업으로 시간관리법을 가르치기로 한 것이다.

셋째, 나는 딸에게 공부하는 즐거움을 알려주고 싶었다.

얼마 전에 있었던 일이다. 심화과정 수학문제집을 풀던 딸이 갑자기 책상에 엎드리며 울음을 터트렸다. 감정이 복받쳐서 말도 제대로 못하는 딸의 등을 쓰다듬으며, '수학문제가 안 풀려서 속상해서 그런가?' 아니면 '내가 모르는 무슨 일이 있나?' 하는 온갖 생각을 했다. 울음을 그친 딸은 뜻밖에 이렇게 말했다.

"엄마, 드디어 풀이법을 찾아냈어! 너무너무 행복해. 가슴이 터져버릴 것만 같았는데 울음이 먼저 터졌어. 많이 놀랐지? 그런데 엄마 나 진짜진짜 행복해. 너무너무 행복해서 심장이 뛰고 온몸에 쥐가 나."

딸은 중학교에 가서도 학원에 전혀 다니지 않고 있다. 그러다 보니 수학 심화 과정 문제집을 풀 때는 저 혼자 끙끙대기 일쑤다. 보통은 아이가 풀다가 안 풀리면 내가 답지를 보고 힌트를 주곤 했는데, 심화과정 문제집의 경우에는 답지를 봐도 나조차 이해를 못할 때가 가끔 있었다. 그런 문제집을 누구의 도움도 없이 혼자 해결해내는 것은 아이 몸에 체득된 자기주도학습의 힘이라고 생각한다. 스스로 공부하면서 희열을 느껴본 아이는 이후 웬만한 고비가 찾아와도 포기하는 법 없이 잘 이겨낸다.

넷째, 나는 딸의 손에 '자기주도적으로 인생을 살아가는 법'이라는 나침반을 유산으로 물려주고 싶었다.

《사막을 건너는 여섯 가지 방법》의 작가 스티브 도나휴는 "우리의 인생은 분명한 목표가 보이는 산보다는 어디로 가야 할지 모르는 막막한 사막을 더 닮았다"라고 말했다. 사막에 가본 적은 없지만 나는 그의 주장이 옳다고 생각한다. 에베레스트까지 갈 것도 없이 동네 뒷산에 오른다고 상상해보자. 정상에 오르기까지는 결코 쉽지 않은 길이 펼쳐지겠지만, 어쨌든 내가 포기하지 않는 한 정상은 늘 그곳에 있다. 하지만 살아보니 어디 인생이 그렇던가? 정상인 줄 알고 가보면 허방인 경우가 얼마나 많았는가!

이처럼 우리네 인생은 정상도 눈에 보이지 않거니와, 모래폭풍이라도 한 번 불어버리면 길마저 사라지고 마는 사막을 더 많이 닮았다. 이런 인생의 사막길을 걸어가자면 지도가 아니라 나침반이 더 필요할 것이다.

자녀에게 "엄마가 가라는 대로 이 길을 쭉 따라가면 바로 정상이야. 그러니까 군소리 말고 시키는 대로 해!", "선행학습만이 오직 정상에 오를 수 있는 유일한 방법이야"라고 자신 있게 말할 수 있는가? 그렇다면 당신은 둘 중 하나다. 지나치게 용감하거나 지나치게 단순하거나.

미래가 아니라 '지금' 행복한 아이로 키우고 싶다

자녀교육의 목표는 아이의 행복에 있다. 아이가 공부를 잘하기를 바라는 것도, 혹은 좋은 대학에 들어가기를 바라는 것도, 그래서 많은 돈을 벌고 성공하기를 바라는 것도 모두 아이의 행복을 위해서다.

하지만 여기서 한 가지 짚고 넘어갈 게 있다. 그것은 '미래의 행복을 위해서 지금 이 순간, 현재 아이의 행복을 포기해도 되는가?'이다.

많은 아이들이 내년, 내후년의 행복을 기대하며 현재의 행복을 포기한 채 학원과 선행학습의 고통에 시달리고 있다. 학원에 다니지 않고 선행학습을 하지 않으면 미래가 고통의 늪이라도 되는 양 부모들은 아이를 몰아친다. 그것이 과

　최근 KAIST 학생들의 잇단 자살이 문제가 되었다. KAIST 학생이라면 모든 부모들이 부러워하고 대부분의 아이들이 기죽어하는 엄친아들이다. 그럼에도 그 학생들은 자살이라는 극단적인 방법을 선택했다. 물론 그 원인이 징벌적 등록금 제도에 있었다고 결론이 났지만, 나는 '과연 그것뿐이었을까?' 하는 의구심을 떨쳐버릴 수 없다. 심약한 정신과 외길만 바라보는 좁은 시야 등 많은 요소가 한데 얽혀 좌절하게 된 것은 아닐까? 여기에 '미래의 행복을 위해 현재의 행복을 포기해온 습관'도 그 원인이 되었을 거라고 나는 생각한다.

　"우리는 결코 현재의 시간에 살고 있지 않다. 우리는 너무 더디게 온다며, 마치 그 속도를 서둘러 앞당기려는 듯, 미래를 갈망한다. 또한 너무 빠르게 지나갔다면서 과거를 되새기기도 한다. 이미 우리 손아귀에서 벗어난 시간들 속을 아직도 헤매다니고, 있지도 않은 걸 골똘히 생각하느라 존재하는 유일한 것을 아무 생각 없이 회피해버리는 것이다. 과거와 현재를 우리는 대개 수단으로 생각한다. 오로지 미래만이 우리의 목표가 되는 셈이다. 우리는 항상 행복할 준비만 갖추고 있으니, 실제로 한 번도 행복하지 못한 것은 당연한 일이다."

　파스칼이 한 말이다. 우리가 현재 행복하지 못한 이유와 우리가 행복을 누리기 위해 해야 할 것들이 이 말 속에 다 들어 있다.

　나는 우리 아이들이 '지금' 행복했으면 좋겠다. 지금의 행복이 쌓이고 쌓여 미래의 행복을 거머쥘 수 있도록 부모들이 이끌어주면 좋겠다. 미래의 행복을 위해 현재의 행복을 담보 잡는 게 아니라, 현재도 행복하고 미래에도 행복한 내 아이의 인생을 위해 스스로 공부하는 자기주도학습의 기초인 '시간관리법'을 선물해주고 싶은 부모들에게 이 책이 도움이 되었으면 좋겠다.

언젠가 중학생이 된 아이와 밤 산책을 나갔을 때, 아이가 이런 말을 했다.

"엄마, 나를 스스로 공부하는 아이로 키워줘서 고마워. 나도 나중에 엄마가 되면 내 아이를 스스로 공부하는 아이로 키울 수 있을까?"

"그럼. 엄마가 너한테 한 것처럼 하면 되잖아."

"만약 내가 잘 기억하지 못하면 그때는 엄마가 좀 도와줘."

이제 겨우 중학생인 딸이 엄마가 된 자신의 모습을 상상한다는 것이 우스웠지만, 나는 팔짱 낀 딸의 손등을 토닥이며 그러겠노라고 약속했다. 이 책은 그런 딸에게 주는 나의 선물이기도 하다.

워킹맘의
아이들
시간 관리

초판 1쇄 인쇄 2019년 9월 10일
초판 1쇄 발행 2019년 9월 16일

지은이 박미진
펴낸이 김옥희
펴낸곳 아주좋은날
디자인 안은정
마케팅 양창우, 김혜경

출판등록 2004년 8월 5일 제16-3393호
주소 서울시 강남구 테헤란로 201, 501호
전화 (02) 557-2031
팩스 (02) 557-2032
홈페이지 www.appletreetales.com
블로그 http://blog.naver.com/appletales
페이스북 https://www.facebook.com/appletales
트위터 https://twitter.com/appletales1
인스타그램 appletreetales

※ 이 책은《우리 아이, 왜 스스로 공부하지 못할까?》의 개정판입니다.

ISBN 979-11-87743-74-3 (03590)

이 도서의 국립중앙도서관 출판시도서목록(CIP)은 서지정보유통지원시스템 홈페이지(http://seoji.nl.go.kr)와
국가자료종합목록 구축시스템(http://kolis-net.nl.go.kr)에서 이용하실 수 있습니다.
(CIP제어번호 : CIP2019033640)